智能系统与技术丛书

Designing Machine Learning Systems with Python

机器学习系统设计

Python语言实现

[美] 戴维·朱利安（David Julian）著

李洋 译

机械工业出版社
China Machine Press

图书在版编目（CIP）数据

机器学习系统设计：Python 语言实现 /（美）戴维 · 朱利安（David Julian）著；李洋译 .
—北京：机械工业出版社，2017.5（2017.12 重印）
（智能系统与技术丛书）
书名原文：Designing Machine Learning Systems with Python

ISBN 978-7-111-56945-9

I. 机… II. ①戴… ②李… III. 机器学习 – 系统设计 IV. TP181

中国版本图书馆 CIP 数据核字（2017）第 096698 号

本书版权登记号：图字：01-2017-0486

机器学习系统设计：Python 语言实现

出版发行：机械工业出版社（北京市西城区百万庄大街 22 号 邮政编码：100037）
责任编辑：陈佳媛 责任校对：殷 虹
印 刷：三河市宏图印务有限公司 版 次：2017 年 12 月第 1 版第 2 次印刷
开 本：186mm×240mm 1/16 印 张：12.5
书 号：ISBN 978-7-111-56945-9 定 价：59.00 元

凡购本书，如有缺页、倒页、脱页，由本社发行部调换
客服热线：（010）88379426 88361066 投稿热线：（010）88379604
购书热线：（010）68326294 88379649 68995259 读者信箱：hzit@hzbook.com

THE TRANSLATOR'S WORDS

译者序

2016年，对于计算机相关从业者（和职业围棋手）而言，毋庸置疑，最具冲击力的大事件就是AlphaGo的成功了。对此，即便是如我本人这样最迟钝的计算机工程师，也终于不能无动于衷，感觉是时候跳出if-else的懒惰，捡起尘封多年乃至遗忘的线性规划和微积分等知识，投身于人工智能的汪洋了。历经60载的孕育，人工智能的时代终于到来了。

回想起本世纪初，我曾参与了电信公司的一个营销项目，这个项目的目标是建立一系列客户指标，以反映客户的价值和分类，使营销人员能够进行精准营销和客户关怀。对于这个项目，当时的术语是，数据仓库和集市，旋转、切片、透视等统计分析，分类和聚类等数据挖掘，等等。当工作作风一向是直接有效（简单粗暴）的市场营销专家，了解到数据仓库和统计工具软硬件的昂贵、数据挖掘工作的繁杂之后，他们提出直接拿一套指标变量和决策阈值，然后用if-else来决定对付客户的营销手段。好吧，指标变量还好，但是优化的决策边界怎么拿？最终，一份虚构臆想的报告出炉了，对此，我至今仍怀有深深的罪恶感。

如今，市场营销的专家作风依旧吧？但是，即便是初出茅庐（大有可为）的软件工程师，也完全能够用触手可得的开源工具和计算环境，建立起一个机器学习系统，获得一些令人信服的决策边界优化解，让那些令人哭笑不得的推销短信变得更少，让短信垃圾成为雪中送炭，想要获取信息的人们无须再从一些衣冠楚楚、侃侃而谈的顾问手里购买一纸空洞的报告了。这就是人工智能的时代，在自动驾驶成为投资大鳄眼中的香饽饽时，人工智能已经无所不在了。本书也是如此，对于计算机科学专业的小伙伴们来说，书中的内容都不陌生，但当这些都成为随手可得、随时要用的东西时，就证明了我们已经身处其时。

本书涵盖了建立机器学习系统的方方面面，相对比较基础，其中最有价值的是，书中介绍了机器学习系统设计的整个过程，以及相关的Python库，并在各个知识环节中都给出了Python示例。无论对于机器学习系统的新兵还是老手，本书都有一定的参考价值。对于机器学习系统的初学者而言，本书较为系统地介绍了相关知识，同时也在一开始就给出了语言和环境，能够让大家甩开膀子，撸起袖子，伸手开干；而对于机器学习系统的老手而言，其更多的参考价值在于如何使用Python来实现那些概念。

但需要注意的是，本书绝不是机器学习的学科教材，也不是Python库的用户手册，更不是实际项目的设计文档。因此，本书并没有对各种模型提供完整的解释和严格的推导，也没有对Python库的各种对象和函数提供完整详尽的说明，更不会对实际问题给出详细的解决方案和实现。但本书确实是一个简明的指引，并富有逻辑，让我们能够按图索骥，由此及彼，较为系统地了解Python机器学习系统设计的方方面面，并以此为线索，展开更多的阅读和深入的学习。同时，书中的诸多示例也能在一定程度上为我们解决类似问题提供思路。

在人工智能的时代，翻译一本机器学习的书籍，对译者而言也是幸甚至哉，借此与各路志士同仁共勉。

李洋

2017年2月

PREFACE

前　　言

机器学习是计算世界所见的最大趋势之一。机器学习系统具有意义深远且令人兴奋的能力，能够在各种应用领域为人们提供重要的洞察力，从具有开创性的挽救生命的医学研究到宇宙基础物理方面的发现，从为我们提供更健康、更清洁的食物到互联网分析和建立经济模型，等等。事实上，就某种意义而言，这项技术在我们的生活中已经无所不在。要想进入机器学习的领域，并且对其具有充分的认知，就必须能够理解和设计服务于某一项目需要的机器学习系统。

本书的主要内容

第 1 章从机器学习的基础知识开始，帮助你用机器学习的范式进行思考。你将学到机器学习的设计原理和相关模型。

第 2 章讲解了 Python 中众多针对机器学习任务的程序包。本章会让你初步了解一些大型库，包括 NumPy、SciPy、Matplotlib 和 Scilit-learn 等。

第 3 章讲解了原始数据可能有多种不同格式，其数量和质量也可能各不相同。有时，我们会被数据淹没；而有时，我们希望从数据中榨取最后一滴信息。数据要成为信息，需要有意义的结构。本章我们介绍了一些宽泛的主题，如大数据、数据属性、数据源、数据处理和分析等。

第 4 章在逻辑模型中探索了逻辑语言，并创建了假设空间映射；在树状模型中，我们发现其具有广泛作用域并易于描述和理解；在规则模型中，我们讨论了基于有序规则列表和无序规则集的模型。

第 5 章介绍了线性模型，它是使用最广泛的模型之一。线性模型是众多高级非线性技术的基础，例如，支持向量机（SVM）和神经网络。本章还研究了机器学习最常用的技术，创建线性回归和 logistic 回归的假设语句。

第 6 章介绍了机器学习最强大的人工神经网络算法。我们将看到这些网络如何成为大脑神经元的简化模型。

第 7 章讨论了特征的不同类型，即定量特征、有序特征和分类特征。我们还将详细学习如何结构化和变换特征。

第 8 章解释了集成机器学习背后的动机和成因，其来源于清晰的直觉并具有丰富的理论历史基础。集成机器学习的类型在于模型本身，以及围绕着三个主要问题（如何划分数据、如何选择模型、如何组合其结果）的考量。

第 9 章着眼于一些设计策略，以确保你的机器学习系统最优。我们将学习模型选择和参数调优技术，并将所学知识应用于一些案例研究之中。

阅读前的准备工作

你需要有学习机器学习的意愿，并需要下载安装 Python 3。Python 3 的下载地址是：https://www.python.org/downloads/ 。

本书的读者对象

本书的读者包括数据学家、科学家，或任何好奇的人。你需要具备一些线性代数和 Python 编程的基础，对机器学习的概念有基本了解。

CONTENTS

目　　录

CHAPTER 1

第 1 章

机器学习的思维

机器学习系统具有意义深远且令人兴奋的能力，能够在各种应用领域为人们提供重要的洞察力；从具有开创性的挽救生命的医学研究到宇宙基础物理方面的发现，从为我们提供更健康、更清洁的食物到互联网分析和建立经济模型，等等。事实上，就某种意义而言，这项技术在我们的生活中已经无所不在。物联网的蔓延正产生着惊人的数据量，很显然，智能系统正以相当剧烈的方式改变着社会。Python 及其库等开源工具，以及以 Web 为代表的越来越多的开源知识库，使学习和应用这门技术有了新的和令人兴奋的途径，也使学习过程更为容易和廉价。本章将涵盖如下主题：

- 人机界面
- 设计原理
- 模型
- 统一建模语言

1.1 人机界面

如果你有幸用过微软 Office 套件的早期版本，你大概还能记得 Mr Clippy 办公助手。这一功能出现在 Office 97 中，每当你在文档开头输入“亲爱的”，它就会不请自来，从电脑屏幕的右下角蹦出来，询问“你好像在写信，需要帮助吗？”

在Office的早期版本中，Mr Clippy是默认开启的，几乎被所有软件用户嘲笑过，这可以作为机器学习的第一次大败笔而载入史册。

那么，为什么这个欢乐的Mr Clippy会如此遭人痛恨呢？在日常办公任务中使用自动化助手不一定是个坏主意。实际上，自动化助手的后期版本，至少是最好的那几个，可以在后台无缝运行，并能明显提高工作效率。文本预测有很多例子，有些很搞笑，大错特错，但大多数并没有失败，它们悄无声息，已经成为我们正常工作流的一部分。

在这一点上，我们需要区分错误和失败的不同。Mr Clippy的失败是因为它的突兀和差劲的设计，而它的预测并不一定是错误的；也就是说，它可能给出了正确的建议，但那时你已经知道你正在写一封信件。文本预测的错误率很高，经常会得出错误的预测，但这并没有失败，主要是因为它的失败方式被设计为悄无声息的。

设计任何与人机界面紧耦合（系统工程的说法）的系统都很困难。与一般的自然界事物一样，我们并非总能预测人类行为。表情识别系统、自然语言处理和手势识别技术等，开启了人机交互的新途径，对机器学习专家而言，所有这些都具有重要的应用。

每当设计需要人机输入的系统时，我们应当预见所有可能的人机交互方式，而不仅仅是我们所期望的那些方式。在本质上，我们对这些系统试图要做的是，培养它们对人类经验全景的一些理解。

在Web的早期，搜索引擎使用的是一种简单的系统，以文章中出现搜索条件的次数为基础。很快，Web开发者就通过增加关键词与搜索引擎展开了博弈。显然，这将导致一场围绕关键词的竞赛，Web将变得极为烦人。随后，为了提供更为准确的搜索结果，人们又设计了度量优质引用链接的页面排名系统。而今，现代搜索引擎都使用了更为复杂和秘密的算法。

对机器学习设计师同样重要的是，人机交互中所产生的数据量一直在增长。这会带来诸多挑战，尤其是数据的庞大浩瀚。然而，算法的力量正是在于从海量数据中提取知识和洞察力，这对于较小规模的数据集几乎是不可能的。因此，如今大量的人机交互被数字化，而我们才刚刚开始理解和探索其中的数据能够被利用的众多途径。

有项研究的题目为《20 世纪书籍中的情绪表现》（*The expression of emotion in 20th century books*, Acerbi 等人，2013），这是一个有趣的例子。尽管严格地说，该研究属于数据分析而非机器学习，但就一些理由而言，它还是具有说明性的。该研究的目的是，从 20 世纪的书籍中抽取情绪内容文本，以情绪分值的形式进行图表化。通过访问 Gutenberg 数字图书馆、WordNet（http://wordnet.princeton.edu/wordnet/）和 Google 的 Ngram 数据库（books.google.com/ngrams）中的大量数字化书籍，该研究的作者能够绘制出 20 世纪文学作品中所反映出的文化变迁。他们通过绘制情绪词语使用的趋势来实现其研究目的。

在该研究中，作者对每个词语进行标记（1-gram 分词算法），并与情绪分值和出版年份进行关联。诸如快乐、悲伤、恐惧等情绪词语，可以依据其表达的正面或负面情绪进行评分。情绪分值可以从 WordNet（wordnet.princeton.edu）获得。WordNet 给每个情绪词语都赋予了情绪反应分值。最后，作者对每一情绪词语的出现次数进行了计数：

$$M = \frac{1}{n}\sum_{i=1}^{n}\frac{c_i}{C_{the}}M_z = \frac{M - \mu_M}{\sigma_M}$$

在此式中，c_i 表示特定情绪词语的计数，n 表示情绪词语的总数（不是所有词语，仅包括具有情绪分值的词语），C_{the} 表示文本中 *the* 的计数。在归一化总和时，考虑到一些年份出版或数字化的书籍数量更多，同时晚期的书籍趋向于包含更多的技术语言，因此使用了词语 *the* 而不是所有词语的计数。对于在相当长的一段时期内的散文文本中的情绪，这种表示更为精确。最后，通过正态分布对分值进行归一化，即 M_z，减去均值后除以标准差。

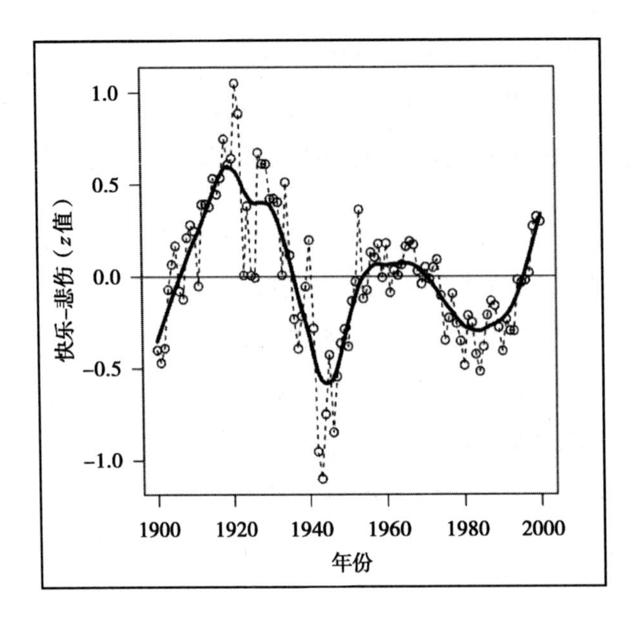

上图摘自《20世纪书籍中的情绪表现》（*The expression of emotion in 20th century books, Alberto Acerbi, Vasileios Lampos, Phillip Garnett, R. Alexander Bentley*）美国科学公共图书馆。

这里，我们可以看到该项研究所生成的一张图表。该图显示了这一时期所著书籍的快乐－悲伤分值，从中可以明显看出二战时期的负面倾向。

这项研究之所以有趣，有如下一些原因。首先，它是一项数据驱动的科学研究，而在过去，类似的研究内容被认为是诸如社会学和人类学的软科学，但在该研究中，给出了坚实的实验基础。此外，尽管其研究结论令人印象深刻，但其实现过程相对容易。这主要得益于 WordNet 和 Google 已经完成的那些卓越努力。其亮点在于，如何使用互联网上免费的数据资源和软件工具，例如 Python 的数据和机器学习包等，任何具备数据技能和动机的人都能够从事这方面的研究。

1.2 设计原理

我们经常拿系统设计和其他事物的设计进行类比，例如建筑设计。在一定程度上，这种类比是正确的，它们都是依据规格说明，在结构体中放置设计好的组件。但当我们考虑到它们各自的运行环境时，这种类比就会瓦解。在建筑设计上，通常会假设，当景观正确形成后就不会再改变。

软件环境则有些不同。系统是交互和动态的。我们设计的任何系统，诸如电子、物理，或人类，都会嵌入在其他系统中。同样，在计算机网络中有不同的层（应用层、传输层、物理层，等等），具有不同的含义和功能集，所以在项目中，需要在不同的层完成所需执行的活动。

作为这些系统的设计师，我们必须对其背景（即我们所工作的领域）具有强烈意识。领域知识能够赋予我们工作的背景，为我们在数据中发现模式提供线索。

机器学习项目可以分解为如下 6 项不同的活动：

- 定义目标和规格说明
- 准备和探索数据
- 建立模型
- 实现
- 测试
- 部署

设计师主要关注前三项活动。但是，他们通常需要在其他活动中扮演主要角色，并且在许多项目中必须如此。同时，这些活动在项目的时间表中不一定是线性序列。但重点是，这些都是明确不同的活动。这些活动可以并行进行，或者彼此相互作用，但通常会涉及不同类型的任务，在人力和其他资源、项目阶段和外在性上相互分离。而且，我们需要考虑到不同的活动所涉及的操作模式也彼此不同。想想看，我们在勾勒想法时、进行特定分析任务时，以及编写一段代码时，大脑工作方式的差异。

通常，最困难的是从何下手。我们可以先专研某一问题的不同要素，构思其中的特征集，或者考虑用什么模型。这样就能得出目标和规格说明的定义。或者我们可能不得不进行一些初步研究，例如检查潜在的数据集和数据源、评估适用的技术，或与其他工程师、技术专家和系统用户进行探讨。我们还需要探索操作环境和各种约束；确定这是一个 Web 应用还是科学家们的实验室研究工具。

在设计的早期阶段，我们的工作流程会在不同要素的工作上切来切去。例如，我们首先着手于必须要解决的一般性问题，这时可能只是形成一些关于任务的思路，然后就将其分解为我们认为是关键的特征，尝试使用模拟的数据集对其建立一些模型，再回过头来修订特征集，调整模型，细化任务，改进模型。当感觉系统足够健壮时，可以使用一些真实数据进行测试。当然，有可能需要回过头来改变特征集。

对于机器学习设计师而言，选择和优化特征通常是一项主要活动（其本身就是一个任务）。在没有充分地描述任务之前，我们无法真正确定所需的特征。当然，任务和特征都受我们所建立的可行模型的类型的约束。

1.2.1 问题的类型

作为设计师，我们的责任是解决问题。我们要在所提供的数据上得出预期的成果。第一步是以机器能够理解的方式来表示问题，同时这种方式也能够承载人类的意图。以下六点概括了问题的类型，可以帮助我们精确定义所要解决的机器学习问题：

- **探索（Exploratory）**：分析数据，寻找模式，例如趋势或不同变量之间的关系。探索通常会得出一些假设，例如，饮食和疾病的关联、犯罪率和城镇住宅的关联等。
- **描述（Descriptive）**：总结数据的具体特征。例如，平均寿命、平均温度，或人口中左撇子的数量等。
- **推理（Inferential）**：推理性问题是用来支持假设的，例如，使用不同数据集来证明或证伪寿命和收入之间存在一般性关联。
- **预测（Predictive）**：预测未来的行为。例如，通过分析收入来预测寿命。
- **原因（Casual）**：试图发现事物的原因。例如，短寿命是否是由低收入导致的？

- 机制（Mechanistic）：试图解答诸如“收入和寿命关联的机制是什么?”的问题。

大多数机器学习系统在开发过程中会涉及多种问题类型。例如，我们首先需要探索数据来发现模式或趋势，然后需要描述数据的具体关键特征。这样，我们可能会给出一个假设，并发现其原因或特定问题背后的机制。

1.2.2 问题是否正确

问题在其主题领域内必须是合理且有意义的。领域知识能够帮助我们理解数据中重要的事物，发现有意义的特定模式和相关性。

问题应该尽可能具体，同时还能给出有意义的答案。通常在开始时，对问题的陈述不那么具体，例如“财富是否意味着健康”。因此，我们需要进一步研究。我们会发现，可以从税务局得到地域财富统计，可以通过健康的对立面，即疾病，来度量健康，而疾病数据可以从医院接诊处获得。这样，我们就能够将疾病和地域财富进行关联，验证最初的命题：“财富意味着健康”。我们可以发现，更为具体的问题会依赖于多个可能存疑的假设。

我们还应该考虑到，穷人可能没有医疗保险，因此生病了也不大可能去医院，而这一因素可能会混淆我们的结果。我们想要发现的事物和试图去度量的事物之间具有相互作用。这种相互作用可能会隐藏真实的疾病率。但是还好，因为知道这些领域知识，我们或许能够在模型中解释这些因素。

通过学习尽可能多的领域知识，能够让事情变得简单得多。

检查一下我们的问题是否已经有答案，或者部分问题已有答案，又或者已经存在数据集对此有所启示，这都有可能节省大量的时间。通常，我们需要同时从不同角度来处理问题。我们应该尽可能做更多的准备性研究。其他设计师完成的工作很可能会对我们所有启发。

1.2.3 任务

任务是一段时间内进行的特定活动。我们必须区分人工任务（计划、设计和实现）和机器任务（分类、聚类、回归等）。同时也要考虑有时人工任务会和机器任务重合，例如，为模型选择特征。在机器学习中，我们真正的目标正是要尽可能地将人工任务变换为机器任务。

现实世界中的问题到具体任务的适配并不总是很容易。很多现实世界的问题看起来可能有概念上的关联，但是却需要非常不同的解决方案。与之相反，看起来完全不同的问题，却可能需要相同的方法。不幸的是，在问题和特定任务之间的适配不存在什么简单的查找表，而更多依赖于背景和领域。同样的问题，换个领域，可能就因为缺少数据而无法解决。然而，在适用于解决众多最具共性的问题类型的大量方法中，存在少数通用的任务。换言之，在所有可能的规划任务的空间内，存在一个任务子集，适用于特定问题。在这个子集内，存在更小的任务子集，是简单有效的。

机器学习任务大致有如下三种环境：

- **有监督学习（Supervised learning）**：其目标是，从有标签训练数据中学习建立模型，允许对不可见的未来数据进行预测。
- **无监督学习（Unsupervised learning）**：处理无标签数据，其目标是在数据中发现隐含模式，以抽取有意义的信息。
- **强化学习（Reinforcement learning）**：其目标是，开发一个系统，基于该系统与其环境的相互作用，提高系统的性能。其中通常会引入奖赏信号。与有监督学习类似，但是没有标签训练集，强化学习使用奖赏函数来持续改进其性能。

现在，让我们看看一些主要的机器学习任务。下图可以作为我们的起点，尝试决定不同的机器学习问题适用什么类型的任务。

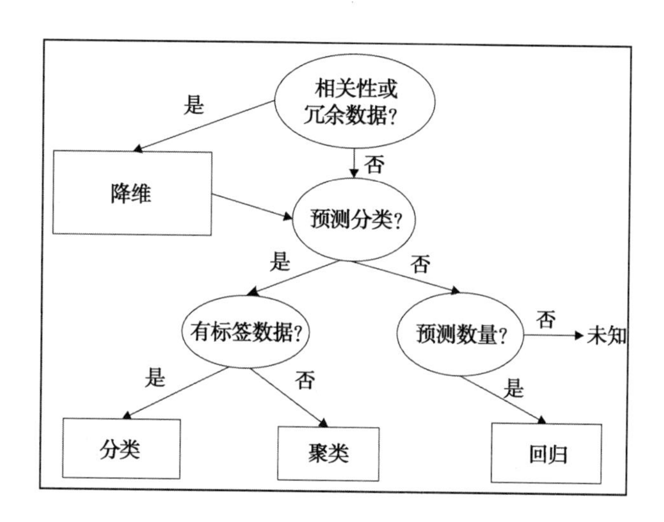

1. 分类

分类大概是最常见的任务类型了，主要是因为它相对容易，很好理解，能够解决很多常见问题。分类基于特征对一组实例（样本）赋予类别。分类是有监督学习方法，它依赖标签训练集来建立模型参数。建立好的模型可以应用于无标签数据，用来预测每个实例所属的类别。大致上，有两种分类任务：二分类（binary classification）和多分类（multiclass classification）。垃圾邮件检测就是一种典型的二分类任务，它只有两种类别，即垃圾或非垃圾，它根据邮件内容来确定其所属类别。手写识别则是多分类的例子，它需要预测输入的是什么字符。在这种情况下，每个字母和数字字符都是一个类别。多分类有时可以通过链接多个二分类任务来实现，但是这种方法会丢失信息，我们无法定义单一决策边界。因此，多分类和二分类通常需要分别对待。

2. 回归

在某些情形下，我们所关心的事物并非是离散的类别，而是连续变量，例如概率。这种类型的问题称为回归问题。回归分析的目的是，理解自变量的变化如何影响因变量的变化。最简单的回归问题是线性的，为了进行预测，需要将一组数据近似为一条直线。这种方法通常需要最小化训练集中每个实例的误差平方和。典型的回归问题有，通过给定的症状范围和严重程度，评估相应疾病的可能性，或者根据过往表现来预测测试得分。

3. 聚类

聚类是最为著名的无监督方法。聚类关注的是，对无标签数据集内实例的相似性进行度量。我们通常会基于实例的特征值，采用几何模型，度量实例之间的距离，来确定其相似性。我们可以使用任意封闭的度量值，来确定每个实例所属的聚类簇。在数据挖掘和探索性数据分析中会经常使用聚类。有大量不同的方法和算法用来执行聚类任务，其中有些会利用这种基于距离的方法，并且还会发现每个聚类簇的中心点，还有一些方法会利用基于分布的统计技术。

关联和聚类有关，也是一种无监督任务，用以在数据中发现特定类型的模式。很多产品推荐系统都使用了这一方法，例如 Amazon 和其他网店。

4. 降维

很多数据集中，每个实例都包含了大量特征或度量值。这会给计算能力和内存分配带来挑战。同时，很多特征会包含冗余信息，或与其他特征相关的信息。在这种情况下，学习模型的性能可能会显著退化。降维最常用于特征预处理，它将数据压缩到较低维度的子空间，但同时保留了有用的信息。降维也常用于数据可视化，通常将高维数据投影为一维、二维、或三维数据。

源自这些基础的机器学习任务还有大量派生任务。在许多应用中，学习模型可能只是用来进行预测以建立因果关系。我们必须知道，解释和预测并不相同。模型可以用来进行预测，但除非明确地知道它是如何进行预测的，否则我们无法形成可理解的解释。解释需要人类的领域知识。

我们还可以使用预测模型发现与一般模式不同的例外。而这时，我们感兴趣的正是这些与预测偏离的个例。这通常称为异常检测（anomaly detection），而且有着广泛应用，例如，银行欺诈检测、噪声过滤，甚至是寻找外星生命。

还有一种重要且可能有用的任务是子群发现。子群发现的目标与聚类不同，不是对整个领域进行划分，而是发现具有基本上不同分布的子群。本质上，子群发现是试图在目标因变量和大量解释性自变量之间找到关系。我们并非试图找到领域内的完整关系，而是其中不同的具有重要意义的一组实例。例如，对目标变量 *heart disease=true*，建立一个子群，其解释变量为 *smoker=true* 且 *family history=true*。

最后，我们还要考虑控制类型的任务。这些任务是根据不同条件，对控制设置进行优化，最大化收益。控制任务可以有多种方式。我们可以克隆专家行为：机器直接学习人类，对不同条件下的行动进行预测。这项任务是学习专家行动的预测模型。这类似于强化学习，其任务是学习条件和最优行动之间的关系。

5. 错误

对于机器学习系统，软件缺陷会给现实世界带来非常严重的后果；如果我们的算法用于装配线机器人，当它把人分类为产品组件会发生什么？显然，对于关键系统，我们需要对失败进行计划。在我们的设计过程和系统中，应该具备健壮的故障和错误检测程序。

有时，有必要只是为了调试和检查逻辑缺陷而设计十分复杂的系统。可能还有必要创建具有特定统计结构的数据集，或者创建人造人去模拟人机界面。例如，为了验证设计在数据、模型和任务等不同层次上都是合理的，我们需要开发一系列方法。错误可能是难以跟踪的，但是作为科学家，我们必须假设系统中存在错误，否则就必须努力进行论证。

对于软件设计师而言，识别和优雅地捕获错误的思想很重要，但作为机器学习系统设计师，我们必须更进一步。在我们的模型中，我们需要获取从错误中学习的能力。

我们必须考虑如何选择测试集，特别是，测试集如何代表其余数据集。例如，如果与训练集相比，测试集充满更多噪声数据，这将会导致恶劣的结果，说明我们的模型过度拟合，然而事实上却并非如此。为了避免这种情况，可以使用交叉验证。交叉验证将数据随机分为大小相等的数据块，例如分为十个数据块。我们使用其中九个数据块对模型进行训练，使用剩下的一个数据块进行测试。然后，重复十次该过程，每次使用不同的一个数据块进行测试。最后，我们采用十次测试的平均结果。除了分类，交叉验证还可以用于其他有监督学习问题，但是正如我们所知道的，无监督学习问题需要不同的评估方法。

在无监督任务中，我们没有有标签训练集。因此，评估会有些棘手，因为我们不知道正确的结果是什么样的。例如，在聚类问题中，为了比较不同模型的质量，我们可以度量簇直径和簇间距之间的比率。然而，对于复杂问题，我们可能永远不知道是否存在更好的模型，也许该模型还没有建立。

6. 优化

优化问题在不同领域都普遍存在，例如，金融、商业、管理、科学、数学和工程等。优化问题包括以下几个方面：

- 目标函数，我们想要最大化或最小化目标函数。
- 决策变量，即一组可控输入。这些输入在特定约束内可变，以满足目标函数。
- 参数，即不可控或固定的输入。
- 约束条件，即决策变量和参数之间的关系。约束条件定义了决策变量的取值空间。

大多数优化问题只有单一的目标函数。当有多目标函数时，我们通常会发现它们彼此有冲突，例如，降低成本和增加产量。在实践中，我们试图将多目标转化为单一函数，例如通过创建目标函数的加权组合。在成本和产量例子中，类似单位成本这样的变量可能会解决问题。

为实现优化目标，我们需要控制决策变量。决策变量可能包括诸如资源或人工等事物。每个运行模型的模块，其参数是不变的。我们可以使用几种测试案例，选择不同的参数，测试在多种条件下的变化。

对于众多不同类型的优化问题，存在成千上万的解决算法。大多数算法首先会找到一个可行解，然后通过调整决策变量，进行迭代改进，以此来发现最优解。使用线性规划技术可以相当好地解决许多优化问题。其中假设目标函数和所有约束与决策变量呈线性关系。如果这些关系并非是线性的，我们通常会使用适当的二次函数。如果系统是非线性的，则目标函数可能不是凸函数。也就是说，可能会存在多个局部极小值，同时不能保证局部极小值是全局极小值。

7. 线性规划

线性模型为何如此普遍？首先是因为其相对容易理解和实现。线性规划有着完善的数学理论基础，其于18世纪中期就已经发展形成，此后，线性规划在数字计算机的发展中扮演着极为关键的角色。因为计算机的概念化大量依赖于线性规划理论基础，所以计算机极为适合于实现线性规划。线性函数总是凸函数，即只有一个极小值。线性规划（Linear Programming，LP）问题通常使用单纯形法求解。假设要求解优化问题，我们将采用如下语法来表示该问题：

$$\max x_1 + x_2 \text{ 约束条件：} 2x_1 + x_2 \leqslant 4 \text{ 和 } x_1 + 2x_2 \leqslant 3$$

假设其中的 x_1 和 x_2 都大于等于 0。我们首先需要做的是将其转换为标准型。完成这一转换需要确保该问题是极大化问题，即需要将 min z 转换为 max $-z$。我们还需要通过引入非负松弛变量将不等式转换为等式。这里的例子已经是最大化问题了，所以可以保留我们的目标函数不变。我们需要做的是将约束条件中的不等式变为等式：

$$2x_1 + x_2 + x_3 = 4 \text{ 和 } x_1 + 2x_2 + x_4 = 3$$

如果以 z 来表示目标函数的值，则可以将目标函数变换为如下表达式：

$$z - x_1 - x_2 = 0$$

如此，我们可以得到如下线性方程组：

- 目标函数：$z - x_1 - x_2 + 0 + 0 = 0$
- 约束条件 1：$2x_1 + x_2 + x_3 + 0 = 4$
- 约束条件 2：$x_1 + 2x_2 + 0 + x_4 = 3$

我们的目标是求解极大化 z，并且注意其中所有变量都是非负值。我们可以发现 x_1 和 x_2 出现在所有方程中，我们称之为非基变量。x_3 和 x_4 只出现在一个方程中，我们称之为基变量。通过将所有非基变量赋值为 0，我们可以得到一个基解。这样可以得到如下方程组：

$$x_1 = x_2 = 0;\ x_3 = 4;\ x_4 = 3;\ z = 0$$

这是最优解吗？还记得我们的目标是求极大化 z 吗？在线性方程组的第一个方程中有 z 减 x_1 和 x_2，因此我们还是能够增大这些变量的。但如果该方程的所有系数都是非负数，则不可能增大 z。我们得知，当目标方程的所有系数为正时，可以得到最优解。

这里不是这种情况。所以，我们要把目标方程中系数为负的非基变量通过主元消元法（pivoting），变为基变量（例如 x_1，称之为进基变量（entering variable））。同时，我们会将基变量变为非基变量，称之为离基变量（leaving variable）。我们可以看到，x_1 同时出现在两个约束条件方程中，那我们选择哪一个进行主元消元呢？记住我们的目标是要确保系数为正。我们发现，当主元方程的右值与其各自的进基系数的比值最小时，可以得到另一个基解。对于此例中的 x_1，第一个约束条件方程右值和进基系数比是 4/2，第二个约束条件方程是 3/1。因此，我们选择对约束条件方程 1 中的 x_1 进行主元消元。

用约束条件方程 1 除以 2，得到如下方程式：

$$x_1 + \frac{1}{2}x_2 + \frac{1}{2}x_3 = 2$$

这样，我们可以得到 x_1，然后将其代入到其他方程中，对 x_1 进行消元。当我们进行一系列代数运算后，最终可以得到如下线性方程组：

$$z - \frac{1}{2} + \frac{1}{3}x_3 = 2$$

$$x_1 + \frac{1}{2}x_2 + \frac{1}{2}x_3 = 2$$

$$\frac{3}{2}x_2 - \frac{1}{2}x_3 + x_4 = 1$$

如上，我们得到另一个基解。但是，这是最优解吗？因为在目标方程中，还存在一个负系数，所以答案是否定的。我们同样可以对 x_2 运用主元消元法，使用最小右值系数比规则，我们发现，可以选择第三个方程中的 $3/2x_2$ 作为主元。这样可以得到如下方程组：

$$z + 1/3x_3 + 1/3x_4 = 7/3$$
$$x_1 + 2/3x_3 - 1/3\ x_4 = 5/3$$
$$x_2 - 1/3x_3 + 2/3\ x_4 = 2/3$$

这样，我们可以得到解为$x_3 = x_4 = 0, x_1 = 5/3, x_2 = 2/3$和$z = 7/3$。因为在第一个方程中不存在负系数，所以这是最优解。

我们能够以如下图形进行可视化。在阴影区域，我们可以发现可行解。

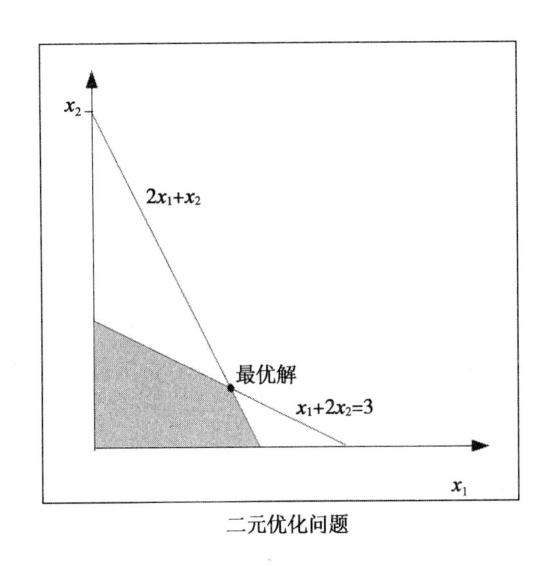

二元优化问题

8. 模型

线性规划为我们提供了将现实世界问题编码为计算机语言的策略。然而，必须记得我们的目标并非只是解决一个问题实例，而是要建立模型来解决新产生数据中的独特问题。这是机器学习的本质。学习模型必须具有评估其输出的机制，据此来改变其行为，以达到最佳求解状态。

这种模型本质上是一种假设，也就是说，是对现象的一种推荐解释。其目标是对问题进行归纳。对于有监督学习问题，从训练集获取的知识被应用于对无标签数据的测试上。对于无监督学习问题，例如聚类，系统不是从训练集学习，而是从数据集本身的特征中学习，例如相似度。无论是哪种情况，其过程都是迭代的，都要重复定义良好的任务集，使模型更接近正确的假设。

模型是机器学习系统的核心，是对学习的实现。有大量模型及其变体，其作用各不相同。机器学习系统可以解决出现在众多不同背景下的问题（回归、分类、关联等）。它们已经成功地被应用于科学、工程学、数学、商业，甚至社会科学等几乎所有的分支，它们与其所应用的领域一样具有多样性。

这种多样性给机器学习系统带来了巨大的问题解决能力，但同时也让设计师有些望而生畏。对于特定问题，哪一个或哪一些模型是最佳的，做出这样的抉择并不容易。对于复杂事物，通常有多个模型能够解决问题，或者解决这个问题需要多个模型。在开始着手这样的项目时，我们无法轻易知道由初始问题到解决该问题的最为准确和有效的路径。

就我们的目标而言，可以将模型分为重叠、互斥和排他的三类：几何、概率和逻辑。在这三个模型之间，必须要关注的区别是如何对实例空间（样本空间）进行划分。实例空间可以被认为是所有可能的数据实例，但并不是每个实例都要在数据中出现。实际数据是实例空间的子集。

划分实例空间有两种方式：分组和分级。两者之间的关键差异在于，分组模型将实例空间划分为固定的离散单元，称为段（segment）。分组具有有限解析度，并且无法区分超越了这一解析度的类型。另一方面，分级会对整个实例空间形成全局模型，而不是将空间分为段。理论上，分级的解析度是无限的，无论实例多么相似，分级都能够加以区分。分组和分级的区别也不是绝对的，很多模型都兼而有之。例如，基于连续函数的线性分类器一般被认为是分级模型，但也存在其无法区分的实例，比如平行于决策边界的线或面。

（1）几何模型

几何模型使用实例空间的概念。几何模型最显著的例子是，所有特征都是数值，并且可以在笛卡儿坐标系中坐标化。如果我们只有两到三个特征，则很容易可视化。然而，很多机器学习问题都有成百上千个特征和维度，因此不可能对这些空间进行可视化。但是，很多几何概念，例如线性变换，还是能在这种超空间中应用的。为了便于理解，例如，我们认为很多学习算法具有平移不变性，也就是说，与坐标系原点位置无关；同时，我们可以采用几何概念中的欧几里得距离来度量实例间的相似性；这样我们就有了一种对相似实例进行聚类并形成决策边界的方法。

假设，我们使用线性分类器对文章段落是快乐的还是悲伤的进行分类。我们可以设计一个测试集，给每个测试都分配一个权重 w，以确定每个测试对总体结果的贡献。

我们可以用每个测试的分值乘以其权重，并进行求和，以作为总体分值，并以此建立决策边界，例如，快乐分值是否大于阈值 t。

$$\sum_{i=1}^{n} w_i x_i > t$$

每个特征值对总体结果的贡献都是独立的，因此这一规则是线性的。这一贡献依赖于特征的相对权重，权重可以为正，也可以为负。计算总体分值时，个体特征值不受阈值限制。

我们可以使用向量来重新表示以上求和算式，w 表示权重向量（$w_1, w_2, ..., w_n$），x 表示测试分值向量（$x_1, x_2, ..., x_n$）。同时，如果向量维度相等，我们可以定义决策边界为：

$$w.x = t$$

我们可以认为 w 是负值（悲伤）“质心” N，指向正值（快乐）“质心” P 的向量。可以通过分别计算正负值的平均值得到正负值的质心：

$$P = \frac{1}{n}\Sigma pX \text{ 和 } N = \frac{1}{n}\Sigma nX$$

我们的目标是以正负值质心的中间值作为决策边界。可以看到，w 与 $P-N$ 成正比或相等，$(P+N)/2$ 即为决策边界。因此，可以得出如下算式：

$$t = (P - N) \cdot \frac{P + N}{2} = \frac{(\|P\|^2 - \|N\|^2)}{2}$$

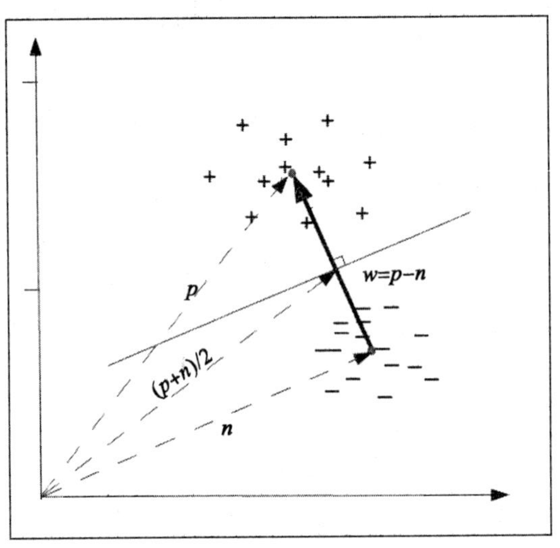

决策边界图

在实践中，真实的数据是具有噪声的，并且不一定容易分离。即便有时数据是容易分离的，但特定的决策边界也可能并没有多大意义。考虑到数据是稀疏的，例如在文本分类器中，单词总数对于每个单词实例的数量而言是巨大的。在这样大而空的实例空间内找到决策边界可能很容易，但是否为最佳选择呢？有种选择方法是使用边缘，即决策边界与实例之间的最小距离。我们将在本书中探索这些技巧。

（2）概率模型

贝叶斯分类器是概率模型的典型例子，即给定一些训练数据（D）和基于初始训练集的概率（特定假设，h），给出后验概率 $P(h/D)$。

$$P(h\mid D)=\frac{P(D\mid h)P(h)}{P(D)}$$

举个例子，假设我们有一袋大理石，其中 40% 是红色的，60% 是蓝色的，同时，一半红色大理石和所有蓝色大理石有白斑。当我们伸进袋子选择一块大理石时，可以通过感受其纹理得知是否有白斑。那么得到红色大理石的概率有多少？

设 $P(R|F)$ 等于随机抽取有白斑的大理石是红色的概率：

$P(F|R)$= 红色大理石有白斑的概率，为 0.5。

$P(R)$= 大理石为红色的概率，为 0.4。

$P(F)$= 大理石有白斑的概率，为 0.5×0.5+1×0.6=0.8。

$$P(R \mid F) = \frac{P(F \mid R)P(R)}{P(F)} = \frac{0.5 \times 0.4}{0.8} = 0.25$$

概率模型允许我们明确地计算概率，而不仅是在真或假中二选一。正如我们所知，其中的关键是需要建立映射特征变量到目标变量的模型。当采用概率方法时，我们假设其背后存在着随机过程，能建立具有良好定义但未知的概率分布。

例如，垃圾邮件检测器。特征变量 X 可以由代表邮件可能是垃圾的词语集合组成。目标变量 Y 是实例类型，取值为垃圾或火腿。我们关心的是给定 X 的情况下，Y 的条件概率。对于每个邮件实例，存在一个特征向量 X，由表示垃圾词语是否出现的布尔值组成。我们试图发现目标变量 Y 的布尔值，代表是否为垃圾邮件。

此时，假设我们有两个词语，x_1 和 x_2，构成了特征向量 X。由训练集，我们可以构造下表：

	$P(Y=\text{spam}\mid x_1, x_2)$	$P(Y=\text{not spam}\mid x_1, x_2)$
$P(Y\mid x_1=0, x_2=0)$	0.1	0.9
$P(Y\mid x_1=0, x_2=1)$	0.7	0.3
$P(Y\mid x_1=1, x_2=0)$	0.4	0.6
$P(Y\mid x_1=1, x_2=1)$	0.8	0.2

我们可以看到，如果在特征向量中加入更多词语的话，该表格会快速增长失控。对于 n 维特征向量，我们会有 2^n 种情况需要区分。幸运的是，有其他方法可以解决这一问题，稍后我们会看到。

表 1.1 中的概率叫作后验概率，用于我们具备先验分布知识的情况下。例如，有 1/10 的邮件是垃圾邮件。然而，如果我们知道 X 中包含 $x_2=1$，但是不确定 x_1 的值，在这种情况下，该实例可以是行 2，垃圾邮件的概率是 0.7，也可能是行 4，垃圾邮件的概率是 0.8。其解决方案是，基于 $x_1=1$ 的概率，对行 2 和行 4 进行平均。也就是说，需要考虑 x_1 出现在邮件中的概率，无论是否为垃圾邮件：

$$P(Y| x_2 = 1) = P(Y| x_1 = 0, x_2 = 1)P(x_1 = 0) + P(x_1 = 1, x_2 = 1)P(x_1 = 1)$$

上式称为似然函数。如果由训练集得知 x_1=1 的概率是 0.1，x_1=0 的概率是 0.9，因为概率和必须为 1，那么，我们就可以计算邮件包含垃圾词语的概率是 0.7×0.9+0.8×0.1=0.71。

这是一个似然函数的例子：$P(X|Y)$。X 是我们已知的，Y 是我们未知的，那么，为什么我们想要知道以 Y 为条件 X 的概率呢？对于理解这一点，我们可以考虑任意邮件包含特定随机段落的概率，假设是《战争与和平》的第 127 段。显然，无论邮件是否为垃圾邮件，这种可能性都很小。我们真正关心的并不是这两种可能性的量级，而是它们的比率。包含有特定词语组合的邮件更像是垃圾邮件，还是非垃圾邮件？这些有时被称为生成模型，因为我们可以对所有相关变量进行采样。

我们可以利用贝叶斯定理在先验分布和似然函数之间进行变换：

$$P(YX) = \frac{P(XY)P(Y)}{P(X)}$$

$P(Y)$ 是先验概率，即在观察到 X 之前，每种类型的可能性。同样，$P(X)$ 是不考虑 Y 的概率。如果只有两种类型，我们可以采用比率的方式。例如，当想要知道数据更支持哪一类型时，可以采用如下比率形式（spam，垃圾邮件；ham，非垃圾邮件）：

$$\frac{P(Y = \text{spam } X)}{P(Y = \text{ham } X)} = \frac{P(XY = \text{spam})}{P(XY = \text{ham})}\frac{P(Y = \text{spam})}{P(Y = \text{ham})}$$

如果比率小于 1，我们假设位于分母的类型的可能性较大。如果比率大于 1，则位于分子的类型的可能性较大。当代入表 1.1 中的数据时，可以计算出如下后验概率：

$$\frac{P(Y = \text{spam } x_1 = 0, x_2 = 0)}{P(Y = \text{ham } x_1 = 0, x_2 = 0)} = \frac{0.1}{0.9} = 0.11$$

$$\frac{P(Y = \text{spam } x_1 = 1, x_2 = 1)}{P(Y = \text{ham } x_1 = 1, x_2 = 1)} = \frac{0.8}{0.2} = 0.4$$

$$\frac{P(Y = \text{spam } x_1 = 0, x_2 = 1)}{P(Y = \text{ham } x_1 = 0, x_2 = 1)} = \frac{0.7}{0.3} = 2.3$$

$$\frac{P(Y = \text{spam } x_1 = 1, x_2 = 0)}{P(Y = \text{ham } x_1 = 1, x_2 = 0)} = \frac{0.4}{0.6} = 0.66$$

似然函数对于机器学习非常重要，因为它创建了生成模型。如果我们知道每个词语在词语表中的概率分布，以及在垃圾邮件和非垃圾邮件中出现的可能性，我们就能够根据条件概率 $P(X|Y=\text{垃圾})$ 生成随机垃圾邮件了。

（3）逻辑模型

逻辑模型以算法为基础。它们可以被翻译为人类能够理解的一组正式规则。例如，如果 x_1 和 x_2 都为 1，则邮件被分类为垃圾邮件。

这些逻辑规则可以被组织为树形结构。在下图中，我们看到在每一分支上迭代地划分了实例空间。叶子由矩形区域组成（在高维度的情况下，或者是超矩形），代表了实例空间的段。基于所要解决的任务，叶子上标记了类型、概率、实数等。

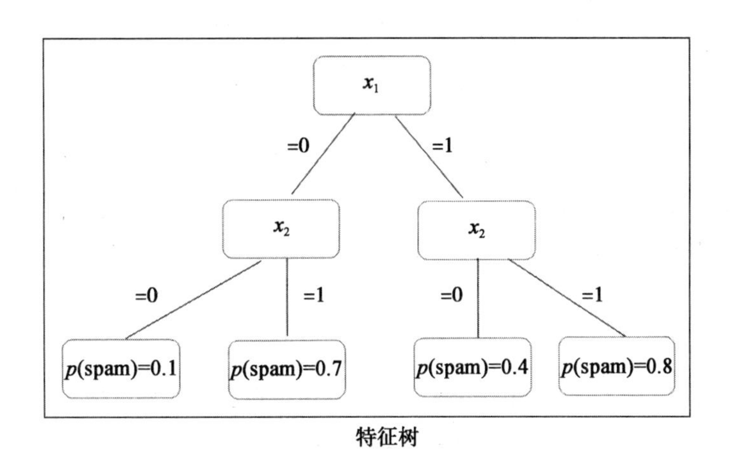

特征树

特征树对于表示机器学习问题十分有用，即便是那些第一眼看上去不是树结构的问题。例如，在之前章节中的贝叶斯分类器，我们可以根据特征值的组合，将实例空间划分为多个区域。决策树模型通常会引入剪枝技术，删除给出错误结果的分支。在第 3 章中，我们将看到在 Python 中表示决策树的多种方式。

请注意，决策规则可能会重叠，并且给出矛盾的预测。

这些规则被认为是逻辑不一致的。当没有考虑特征空间的所有坐标时，规则也可能是不完整的。有很多方法可以解决这些问题，我们将在本书中详细介绍。

树学习算法通常是以自顶向下的方式工作的，因此，首要任务是选择合适的特征，用于在树顶进行划分，以使划分结果在后续节点具有更高纯度。纯度指的是，训练样本都属于同一类型的程度。当逐层向下时，我们会发现在每一节点上，训练样本的纯度都在增加，也就是说，这些样本逐层被划分为自己的类型，直到抵达叶子，每一叶子的样本都属于同一类型。

从另一角度来看，我们关注降低决策树后续节点的熵。熵是对混乱的度量，在树顶（根节点）最高，逐层降低，直到数据被划分为各自的类型。

在更为复杂的问题中，有更大的特征集和决策规则，有时不可能找到最优的划分，至少在可接受的时间范围内是不可行的。我们真正关心的是创建最浅树，实现到达叶子的最短路径。就其用于分析的时间而言，每一额外的特征都会带来每个节点的指数级增长，因此，找到最优决策树比实际上使用子最优树来完成任务，所需要的时间更长。

逻辑模型的一个重要特性是，它们可以为其预测提供一定程度的解释。例如，对于决策树做出的预测，通过追溯由叶子到根的路径，可以确定得出最终结果的条件。逻辑模型的优点之一是：能够被人类探查，揭示更多问题。

9. 特征

在现实生活中，我们得到的信息越多越有价值，那么所做出的决策也就越好，同理，对于机器学习任务，模型的好坏与其特征息息相关。在数学上，特征是实例空间到特定域内集合的映射函数。对于机器学习而言，我们所做的大多数度量都是数值型的，因此，大多数常见的特征域是实数集合。其他常见域还有布尔、真或假、整数（通常用于计算某一特征发生的次数），或诸如颜色或形状等有限集合。

模型是依据其特征进行定义的。单一特征也能够成为模型，我们称之为单变量模型。我们可以区别特征的两种用法，这与分组和分级的区别相关。

首先，我们关注实例空间的具体区域对特征进行分组。设 X 为一封邮件，f 为对邮件中某一词语 x_1 进行计数的特征。我们可以建立如下条件：

当 $f(X)=0$，表示邮件不包含 x_1；当 $f(X)>0$，则表示邮件中包含一次或多次 x_1。这种条件叫作二划分（binary splits），因为它们将实例空间划分为两个分组：满足条件的和不满足条件的。我们还可以将实例空间划分为多于两个的段，即非二划分。例如，当 $f(X)=0$；$0<f(X)<5$；$f(X)>5$，等等。

其次，我们可以对特征进行分级，计算每个特征对总体结果的独立贡献。在我们之前所述的简单线性分类器中，其决策规则如下：

$$\sum_{i=1}^{n} w_i x_i < t$$

该规则是线性的，因此每一特征对某一实例的分值具有独立贡献，其贡献依赖于 w_i。如果 w_i 为正，则值为正的 x_i 会增加总分值。如果 w_i 为负，则值为正的 x_i 会减少总分值。如果 w_i 很小或者为零，则其对总体结果的贡献可以忽略不计。可以看到，这些特征对最终预测做出了可度量的贡献。

特征的这两种用法，即划分（分组）和预测（分级）可以在同一模型中组合。有个典型的例子是，当我们求某一非线性函数的近似解时，例如 $y \sin \pi x$，其中 $-1<x<1$。显然，简单的线性模型无法解决问题。当然，简单的方法是，我们可以将 x 轴划分为 $-1<x<0$ 和 $0<x<1$。在每个划分的段中，我们都可以找到合理的线性近似。

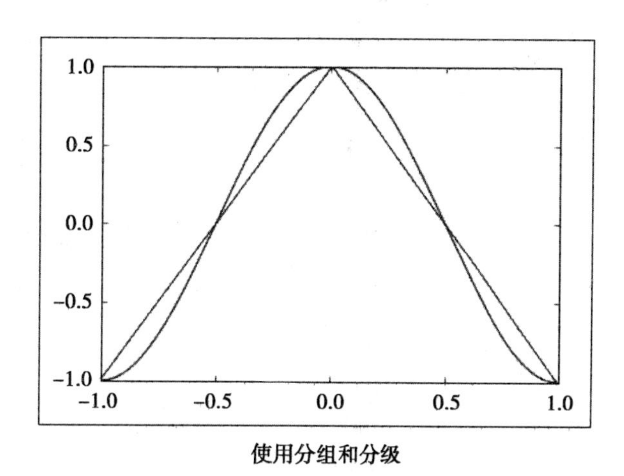

使用分组和分级

在特征构建和变换方面，有很多工作可以用来改进模型性能。在大多数机器学习问题中，特征并不一定是直接可用的，而是需要从原始数据集中构建，并变换为模型可用的形式。这在诸如文本分类等问题中尤为重要。在垃圾邮件例子中，我们使用了词语包的表示形式，因为这样可以忽略词语的顺序，然而也会丢失有关文本含义的重要信息。

离散化是特征构建的一个重要部分。有时，我们可以把特征划分为相应的块，以抽取与任务更为相关或更多的信息。例如，假设数据包含一组精确的收入信息，而我们要试图确定人们的经济收入与其所居住的城郊之间是否存在关系。显然，收入范围比精确收入更适合作为特征集，尽管严格地说，这样会丢失一些信息。如果选择恰当的收入范围区间，我们不仅不会丢失与问题有关的信息，而且会让模型执行得更好，得出的结果也更易于解释。

这突出了特征选择的主要任务：从噪声中分离信号。

现实世界的数据总是包含大量我们不需要的信息，以及简单的随机噪声，而从中分离出我们所需要的数据，可能只是其中的一小部分数据，对模型的成功是十分重要的。当然，我们不能丢掉对我们可能重要的信息。

通常，特征可能是非线性的，而且线性回归的结果可能并不理想。有种技巧是对实例空间进行变换。假设我们的数据如下图所示。显然，线性回归只是得出一种合理的拟合，如下图左侧所示。然而，如果对实例空间的数据取平方，即 $x=x^2$，$y=y^2$，我们能得出更好的拟合结果，如下图右侧所示。

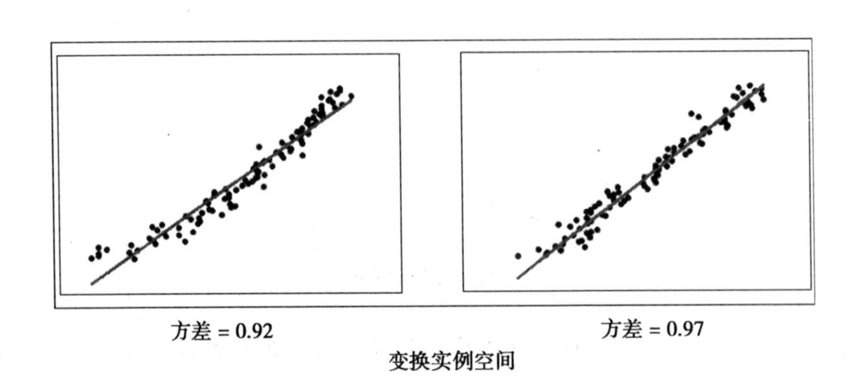

方差 = 0.92　　方差 = 0.97

变换实例空间

进一步，我们还可以采用核方法（kernel trick）。其思想是创建更高维度的隐式特征空间，即通过特定函数，有时称为相似性函数（similarity function），将原始数据集的数据点映射到高维空间。

例如，设 $x_1=(x_1, y_1)$ 和 $x_2=(x_2, y_2)$。

如下所示，建立二维到三维的映射：

$$(x, y)\square(x^2, y^2, \sqrt{2xy})$$

对应于二维空间中的点 x_1 和 x_2，其在三维空间中如下所示：

$$x_1'=(x_1^2, y_1^2, \sqrt{2x_1y_1}) \text{ 和 } x_2'=(x_2^2, y_2^2, \sqrt{2x_2y_2})$$

这两个向量的点积则为：

$$x_1' \cdot x_2' = x_1^2x_2^2+y_1^2y_2^2+2x_1y_1x_2y_2=(x_1x_2+y_1x_2)=(x_1 \cdot x_2)^2$$

我们发现，通过对原二维空间的向量点积取平方，即可得到三维空间的向量点积，而无须求得三维空间的向量，再进行点积计算。这里，我们可以定义核函数为 $k(x_1, x_2)=(x_1, x_2)^2$。在高维空间计算点积通常代价更高，而使用核方法则更具优势，我们可以看到，这一技术在机器学习的支持向量机（Support Vector Machines，SVM）、主成分分析（Principle Component Analysis，PCA）和相关性分析中都有着广泛应用。

在之前提及的基本线性分类器中，将决策边界定义为 $w \cdot x=t$。向量 w 等于正样本平均值和负样本平均值的差，即 $p-n$。设点 $n=(0, 0)$ 和 $p=(0, 1)$。假设我们通过两个训练样本来计算正平均值，$p_1=(-1, 1)$ 和 $p_2=(1, 1)$，则其平均值如下所示：

$$p=\frac{1}{2}(p_1+p_2)$$

这样，我们可以得到决策边界为：

$$\frac{1}{2}p_1 \cdot x+\frac{1}{2}p_2 \cdot x-n \cdot x=t$$

如果采用核方法，我们可以用下式来计算决策边界：

$$\frac{1}{2}k(p_1, x) + \frac{1}{2}k(p_2, x) - k(n, x) = t$$

基于我们之前定义的核函数，可以得到下式：

$$k(p_1, x) = (-x+y)^2, k(p_2, x) = (x+y)^2 \text{ 和 } k(n, x) = 0$$

这样，我们可以导出如下决策边界：

$$\frac{1}{2}(-x+y)^2 + \frac{1}{2}(x+y)^2 = x^2 + y^2$$

这正是以 $\sqrt{t}$ 为半径围绕原点的圆。

另一方面，使用核方法，每一个新实例可以根据每一个训练样本进行评估。对于这种更为复杂的计算，其回报是能够获得更为灵活的非线性决策边界。

特征之间的相互作用是非常有趣和重要的，相关性是其中的一种相互作用形式。例如，在博客帖子中的词语，我们可能期望词语冬天和寒冷之间是正相关的，冬天和炎热之间是负相关的。那么这对我们任务中的模型意味着什么呢？假如我们是在进行情绪分析，如果这些词语一起出现，我们可能需要考虑降低其中每个词语的权重，因为附加了另一相关词语后，其对总体结果的贡献，比起该词语本身，在一定程度上会有所减弱。

同样是在情绪分析中，我们通常需要变换某些特征，以捕获其含义。例如，词组不快乐包含了两个词语不和快乐，如果只是使用 1-*grams* 分词法，可能会得到正面的情绪分值，而其本意明显是负面的。一种解决方案是（如果使用 2-*grams* 分词法，则可能会不必要地使模型复杂化），当这两个词语以这一顺序出现时，则建立一个新的特征，即不快乐，并对其分配情绪分值。

选择和优化特征是值得花费时间的。这在学习系统设计中是十分重要的部分。这也是一种迭代设计，需要在两个阶段之间不断反复。首先，需要理解我们所研究现象的特性；其次，需要通过实验来测试我们的想法。实验能够让我们对现象进行更为深入的观察，让我们能够获得更为深入的理解，并对特征进行优化。我们需要重复这一过程，直到模型足以准确反映真实的情况。

1.2.4 统一建模语言

机器学习系统可以是复杂的。对于人脑而言，理解整个系统的所有交互通常很困难。我们需要某种方式将系统抽象为一组分离的功能组件。通过图形和场景能够可视化系统的结构和行为。

UML 是一种形式化语言，可以让我们以一种精确的方式对设计思想进行可视化和沟通。我们使用代码来实现系统，使用数学来表示其背后的原理，但这里还有第三个方面，在某种意义上，与前两者正交，即可视化表示系统。对设计进行绘制的过程可以帮助我们从不同的角度对其进行概念化。或许我们可以将其想象为对解决方案的三角定位。

概念模型是描述问题元素的理论方法。概念模型能够帮助我们澄清假设，证明某一特性，并帮助我们对系统的结构和交互建立基本理解。

UML 能够简化复杂性，让我们能够清晰无误地与团队成员、客户和其他涉众沟通我们的设计，UML 的出现正是为了满足这些需要。模型是真实系统的简化表示。这里，我们使用了模型一词的一般性含义，而不是在机器学习中更为精确的定义。UML 几乎可以用来对系统所有可想象的方面进行建模。UML 的核心思想是清晰地表示核心属性和功能，去除无关和潜在歧义的元素。

1. 类图

类图是对系统的静态结构进行建模。类表示具有共同特征的抽象实体。类的用途在于，其表达并强制化面向对象编程方法。我们可以看到，通过在代码中分离不同的对象，每个对象都是自包含单元，则我们针对每个对象的工作会更为清晰。我们可以将对象定义为特定的一组特征和与其他对象的交互。这样就可以将复杂程序分解为相互独立的功能组件。我们还可以通过继承来定义对象的子类。继承特别有用，能够在模型中反映真实世界中的层次（例如，程序员是人类的子类，Python 程序员是程序员的子类）。面向对象编程可以加快整体开发速度，因为它允许复用组件，并且拥有丰富的已开发组件的类库。同时，所开发的代码更易于维护，因为我们可以替换或改变类，并且（通常）能够理解这些变化是如何对整体系统产生影响的。

事实上，面向对象编码会导致更为庞大的代码库，这意味着程序运行会变慢。但这最终并非是一种“非此即彼”的情形。对于大量的简单任务，如果不会再次使用，我们可能并不会花时间去创建类。一般地，如果我们发现在输入一些重复的代码，或者在创建同一类型的数据结构，这时，创建一个类或许是个好主意。面向对象编程的最大优点是能够在一个对象中封装数据及操作这些数据的函数。这些软件对象能够以一种相当直接的方式与真实世界中的对象相对应。

最初，设计面向对象系统可能需要花些时间。然而，一旦建立起可行的类结构和类定义，则实现这些类所需的编码任务会变得更为清晰。创建类结构是着手对系统进行建模的一种非常有用的方法。当我们定义类时，我们关心的是一组特定属性，是所有可能的属性或无关的属性的子集。它应该是真实系统的准确表示，但我们需要判断哪些是有关的，哪些是无关的。因为真实世界的现象很复杂，而我们所拥有的关于系统的信息往往不是完整的，所以这种判断是困难的。我们只能依赖于自身认知，因此领域知识（对我们所要建模的系统的理解）至关重要，无论是对于软件、自然，还是人类。

2. 对象图

对象图是系统运行时的逻辑视图。对象图是特定时刻的快照，可以理解为类图的实例。在程序运行时，许多参数和变量的值在变化，而对象图的功能正是在于描绘这些变化。对象图所表示的一个关键方面正是运行时绑定。通过使用对象间的连线，我们可以对特定运行时配置进行建模。对应于对象类之间的关联关系，对象之间具有连接。因此，对象间的连接强制绑定了与类相同的约束。

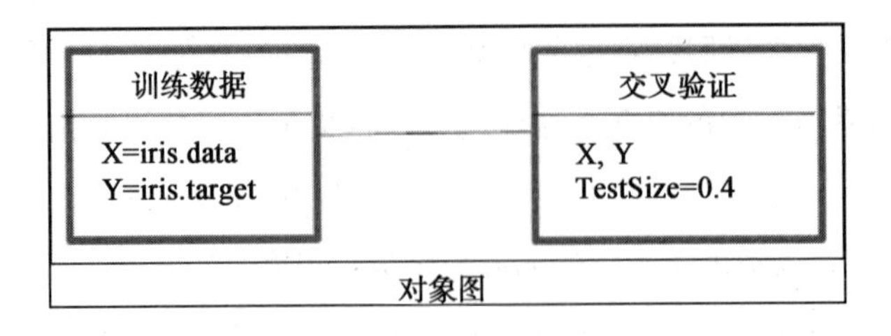

类图和对象图都是由相同的基本元素构成，其中，类图表示类的抽象蓝图，对象图表示在特定时刻对象的真实状态。单一对象图不能表示类的所有实例，因此在绘制对象

图时，我们必须限定于重要实例或那些覆盖系统基本功能的实例。在对象图中，应当明确对象之间的关联，并标示重要变量的值。

3. 活动图

活动图将在一个过程中的独立活动链接在一起，用于对系统的工作流程进行建模。活动图特别适用于对协同任务集的建模。活动图是 UML 规范中最常用的工具之一，因为其格式基于传统流程图，所以直观并易于理解。活动图主要包括活动、边（有时称为路径）和决策。活动由圆角矩形表示，边由箭头线表示，决策由菱形表示。活动图通常具有开始节点和结束节点。

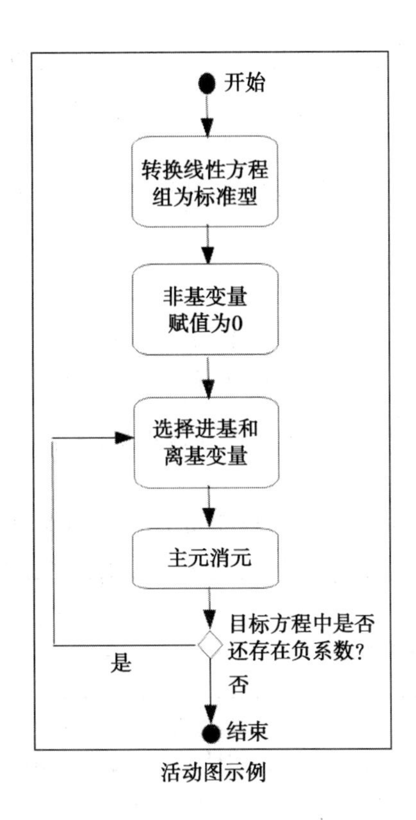

活动图示例

4. 状态图

系统改变行为依赖于其所在状态，状态图用于对此进行建模。状态图使用状态和转换来表示。状态表示为圆角矩形，转换表示为箭头线。转换具有触发事件，触发事件写在箭头线上。

大多数状态图会包含一个初始伪状态和最终状态。伪状态是控制转换流的状态。伪状态的另一个例子是选择伪状态，其标示了决定转换的布尔条件。

状态转换系统由四种元素组成，分别是：

- ❑ $S = \{s_1, s_2, \cdots\}$：状态集合
- ❑ $A = \{a_1, a_2, \cdots\}$：活动集合
- ❑ $E = \{e_1, e_2, \cdots\}$：事件集合
- ❑ $y: S(A\ U\ E) \rightarrow 2s$：状态转换函数

第一种元素 S 是主体所有可能状态的集合。活动是代理能够改变主体所做的事情。事件可以发生于主体，并且不为代理所控制。状态转换函数 y 有两个输入：主体的状态，活动与事件的并集。状态转换函数根据所输入的特定活动或事件，给出所有可能的输出状态。

假设我们有个仓库，存储三种货物，每种货物只能存储一件。我们可以使用如下矩阵来表示仓库存储的所有可能状态：

$$S = \begin{matrix} 0 & 1 & 0 & 1 & 0 & 0 & 1 & 1 \\ 0 & 0 & 1 & 1 & 1 & 0 & 0 & 1 \\ 0 & 0 & 0 & 0 & 1 & 1 & 1 & 1 \end{matrix}$$

我们还可以为事件和活动定义类似的二进制矩阵，E 表示卖出事件，A 表示订购活动。

在这个简单的例子中，转换函数可以作用于实例 s（S 中的一列），即 $s' = s + a - e$，其中 s' 是系统的最终状态，s 是初始状态，a 和 e 分别是活动和事件。

我们可以用如下转换图来表示。

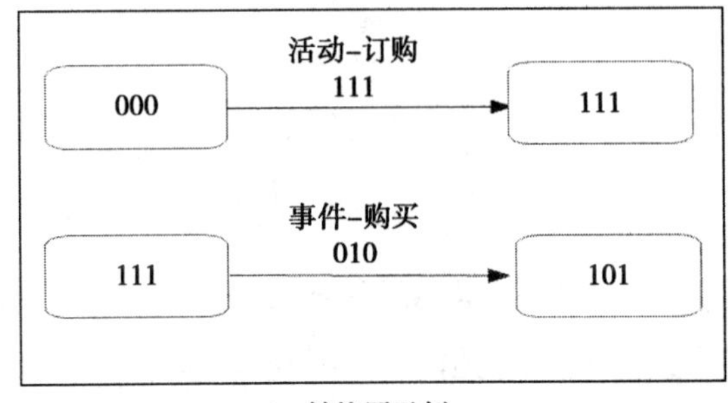

转换图示例

1.3 总结

到目前为止，我们介绍了机器学习问题、技术和概念的方方面面。如何通过对问题进行分解来解决新的独特问题，希望这能对你所有启发。我们回顾了一些基础的数学知识，了解了一些可视化设计的方法。我们可以看到，对同一问题有众多不同的表示，其中每一种都突出了不同的方面。在我们开始建模之前，需要定义清晰的目标，用具体、可行、有意义的问题进行叙述。我们需要清楚，如何以机器能够理解的方式来叙述问题。

尽管设计过程由不同的活动组成，但这不一定是线性过程，而更应该是迭代过程。我们在每个特定阶段内循环，提出并测试想法，直到我们认为能够跳入下一阶段。有时，我们可能还会跳回前一阶段。我们也许要在一个平衡点上等待特定事件的发生。我们也许要循环多个阶段，或者并行进行多个阶段。

在下一章中，我们将开始探索各种 Python 库中的实用工具。

CHAPTER 2

第2章

工具和技术

Python 具备大量可用于机器学习任务的包库。

本章将探索以下包：

- IPython 控制台；
- NumPy，支持多维数组、矩阵和高阶数学函数的扩展；
- SciPy，包含科学公式、常数和数学函数的库；
- Matplotlib，用于制图；
- Scikit-learn，用于诸如分类、回归和聚类等机器学习任务的库。

要尝试这些巨大的库，你只需要有足够的空间和一项重要的技能，就是能够发现和理解各种包的参考资料。在教程风格的文档里不可能呈现所有不同的功能，因此能够不迷失在那些有时庞杂的 API 参考手册中就显得尤为重要。要知道，这些包多数是由开源社区放在一起的，并不会像商业产品一样具有整体结构，因此，要理解各种包的分类系统可能是混乱的。然而，开源软件的多样性，及其不断贡献的思想，是其重要的优势。

但是，开源软件的演进质量有其不足的一面，尤其是对于机器学习应用而言。例如，Python 机器学习用户社区非常不情愿由 Python 2 升级为 Python 3。因为 Python 3 打破了向后兼容性，特别是对数值的处理，升级相关包的过程并不简单。在写本书的时候，所有重要的包（对我而言），以及所有本书中用到的包，在 Python 2.7 和 3x 中都可以运行。Python 的主要发布在 Python 3 版本下有一些略有不同的包。

2.1 Python 与机器学习

Python 是有多种用途的通用编程语言。它是解释性语言，可以通过控制台交互运行。它与 C++ 或 Java 不同，不需要编译器，因此开发时间会更短。它可以免费下载，并支持多种不同的操作系统，包括 UNIX、Windows 和 Macintosh。它在科学和数学应用领域特别流行。Python 与 C++ 和 Java 相比，相对容易学习，实现相似任务的代码量更少。

Python 不是机器学习的唯一平台，但绝对是最常用的。R 是它的一个主要替代品。和 Python 一样，R 也是开源的，虽然流行于机器学习，但缺乏像 Python 那样的大型开发社区。R 是机器学习和统计分析的专用工具。Python 是通用的和广泛使用的编程语言，在机器学习应用领域拥有优秀的库。

另一个替代品是 Matlab。与 R 和 Python 不同，Matlab 是商业产品。正如预期那样，它具有精良的用户界面和详尽的文档。但是和 R 一样，它缺乏 Python 的通用性。Python 是一种极为有用的语言，与其他平台相比，学习 Python 的回报更大。Python 在网络、Web 开发和单片机等编程方面都具有优秀的库。这些应用能够补充或加强我们在机器学习方面的工作，而无须痛苦地学习和记忆不同语言的细节，忍受整合它们的笨拙复杂。

2.2 IPython 控制台

IPython 包在其版本 4 的发布中有一些显著的变化。以前版本的包是一个整体结构，而现在被分为几个子包。IPython 项目分成了几个独立的项目。大部分代码仓库被转移到了 Jupyter 项目（jupyter.org）。

IPython 的核心是 IPython 控制台，这是一个强大的交互式解释器，可以让我们非常快速和直观地测试我们的想法。当我们想测试一段代码时，无须每次都创建、保存和运行代码文件，只需要在控制台输入即可。IPython 的强大特性在于，它将大多数计算平台所依赖的传统的“读取 – 求值 – 打印”循环进行了解耦。IPython 将求值阶段置于一个独立进程，即其内核。而且重要的是，可以有多个客户端对内核进行访问。这意味着我们可以运行多个文件中的代码并进行访问，例如，从控制台运行一个方法。此外，内核和客户端不需要在同一台机器上。这对分布式和网络计算有着强大的影响。

IPython 控制台具备很多命令行特性，例如 tab 键补齐和可以复制终端命令的 %magic 命令。如果你所使用的 Python 发布已经安装了 IPython，则可以在 Python 命令行中输入 ipython 命令来启动 IPython。在 IPython 控制台输入 %quickref 将得到其命令列表和对应的功能说明。

IPython notebook 也值得推荐。该项目已经合并到 Jupyter 项目中了（jupyter.org）。这是一个强大的 Web 应用平台，有超过 40 种语言的数值计算。IPython notebook 允许现场代码分享和协同，并发布丰富的图形和文本。

2.3 安装 SciPy 栈

SciPy 栈组成了 Python 最常用的科学、数学和机器学习库（请访问 scipy.org）。这些库包括 NumPy、Matplotlib、SciPy 库自身和 IPython。这些包可以在已有的 Python 安装之上独立安装，也可以作为完整的发布（发布版，distro）进行安装。如果你的机器上没有安装 Python，那么最简单的方式是使用发布版进行安装。Python 的主要发布支持大多数平台，而且在一个包中包含了你所需要的一切。如果你的机器上已经有了配置过的 Python 安装，那么也可以选择单独安装这些包及其依赖，不过这需要花些时间。

大多数发布提供了你所需要的所有工具，而且许多都包含强大的开发环境。其中最好的两个是 Anaconda（www.continuum.io/downloads）和 Canopy（http://www.enthought.comm/products/canopy/）。两者都有免费版和商业版。我自己会使用 Python 的 Anaconda 发布。

安装 Python 的主发布通常是件挺轻松的任务。

请注意，各种 Python 发布中所包含的模块并不一定是完全一样的，你可能还需要安装一些模块，或者重新安装某个模块的正确版本。

2.4 NumPy

我们应该知道 Python 中表示数据的类型层次。类型层次的根是不可变对象，例如整数、浮点数和布尔。基于这些类型，我们有序列类型。序列类型是有序的对象集合，并且由非负整数进行索引。序列类型是可遍历对象，包括字符串、列表和元组。序列类型有一组共同的操作，例如返回一个元素（*s*[*i*]）或分片（*s*[*i*:*j*]）、求长度（*len*(*s*)）或求和（*sum*(*s*)）。最后还有映射类型。映射类型是由一组关键字对象索引的对象集合。映射对象是无序的，并且由数字、字符串或其他对象索引。Python 内置的映射类型是字典。

NumPy 在这些数据对象的基础之上提供了两类对象：N 维数组对象（ndarray）和通用函数对象（ufunc）。ufunc 对象为 ndarray 对象提供了基于元素的操作，允许类型映射和数组广度映射（broadcasting）。类型映射是将数据类型改变为其他类型的过程，也可称为类型转换，广度映射描述了不同大小的数组是如何进行算术运算处理的。NumPy 还包括如下子包：线性代数（linalg）、随机数生成器（random）、离散傅里叶变换（fft）和单元测试（testing）。

NumPy 使用 dtype 对象来描述数据的各个方面。这包括诸如浮点数、整数等数据的类型，数据类型的字节数（如果数据是结构化的），以及字段的名字和任意子数组（阵列）的阵形。NumPy 还包括如下一些新的数据类型：

- 8 位、16 位、32 位和 64 位的整型
- 16 位、32 位、64 位的浮点数
- 64 位和 128 位的复数类型

- ndarray 结构化数组类型

我们可以使用 np.cast 对象在类型之间进行转换。该对象实际上是一个字典，其键值是目标转换类型，其值是相应的转换函数。如下代码所示，我们可以将整数转换为 float32：

$$f = np.cast['f'] (2)$$

NumPy 数组有多种创建方法，例如由其他 Python 数据结构转换为数组，使用诸如 arange()、ones() 和 zeros() 等内嵌的数组创建对象，或者由 .csv 或 .html 文件进行创建。

Indexing 和 slicingNumPy 分别建立于索引和分片技术，并应用于序列。我们应该对序列分片已经很熟悉了，例如对于列表和元组，在 Python 中使用 [i:j:k] 语法，其中 i 是开始索引，j 是结束索引，k 是步长。NumPy 将这种选择元组的概念扩展为 N 维。

输入如下命令，激活 Python 控制台：

```
import numpy as np
a=np.arange(60).reshape(3,4,5)
print(a)
```

我们可以看到如下输出：

```
array([[[ 0,  1,  2,  3,  4],
        [ 5,  6,  7,  8,  9],
        [10, 11, 12, 13, 14],
        [15, 16, 17, 18, 19]],

       [[20, 21, 22, 23, 24],
        [25, 26, 27, 28, 29],
        [30, 31, 32, 33, 34],
        [35, 36, 37, 38, 39]],

       [[40, 41, 42, 43, 44],
        [45, 46, 47, 48, 49],
        [50, 51, 52, 53, 54],
        [55, 56, 57, 58, 59]]])
```

其输出是一个 3 维、4 维、5 维的多维数组。你应该知道，我们可以通过例如 [2,3,4] 的表示法来访问数组中的每个元素，[2,3,4] 会返回 59。数组的索引由 0 开始。

我们可以使用分片技术返回数组的一个分片。

A[1:2:] 得到如下数组：

```
array([[[20, 21, 22, 23, 24],
        [25, 26, 27, 28, 29],
        [30, 31, 32, 33, 34],
        [35, 36, 37, 38, 39]]])
```

使用 (…)，我们可以选择保留任意维度的数组元素。例如，a[…,1] 等同于 a[:,:,1]：

```
array([[ 1,  6, 11, 16],
       [21, 26, 31, 36],
       [41, 46, 51, 56]])
```

我们还可以使用负数从数组末端开始计数：

```
In [5]: a[-1:,:,-5]
Out[5]: array([[40, 45, 50, 55]])
```

通过分片，我们可以创建数组的视图，而原始数组保持不变，视图持有原始数组的引用。也就是说，创建了分片之后，即使将其分配给一个新的变量，但如果我们改变了原始数组，这些变化也会反映在新的数组变量中。下图进行了举例说明：

```
In [6]: b=a[2,2,0:2]

In [7]: b
Out[7]: array([50, 51])

In [8]: a[2]=0 #改变a的同时也会改变b

In [9]: b
Out[9]: array([0, 0])
```

这里的 a 和 b 都引用了同一数组。当我们分配 a 中的值，也会同时在 b 中反映。如果不仅仅是引用数组，而是对其进行复制，我们需要使用标准库中 copy 包的 deepcopy() 函数。

```
import copy
c=copy.deepcopy(a)
```

这里，我们创建了一个独立的数组变量 c，此时，数组 a 中的任何变化都不会反映在数组 c 中。

2.4.1 构造和变换数组

作为构造数组的一种有效手段，NumPy 的多个类都使用了分片功能。例如，numpy.mgrid 可以用分片来创建 meshgrid 对象，这在特定情况下比使用 arange() 更为便利。其主要目的是建立指定维度的 N 维坐标系数组矩阵。如下图中的例子所示：

```
In [10]: np.mgrid[0:4,0:4]
Out[10]:
array([[[0, 0, 0, 0],
        [1, 1, 1, 1],
        [2, 2, 2, 2],
        [3, 3, 3, 3]],

       [[0, 1, 2, 3],
        [0, 1, 2, 3],
        [0, 1, 2, 3],
        [0, 1, 2, 3]]])
```

有时，我们需要以其他方式来操作数据，这包括：

- **连接**：通过使用 np.r_ 和 np.c_ 函数，我们可以使用分片结构连接一个或两个数轴（axis），例如：

```
In [11]: np.r_[-2,-1:5j,2]
Out[11]: array([-2.+0.j, -1.+0.j,  2.+0.j])
```

这里我们使用复数 5j 作为步长，Python 将其解释为填充数轴指定范围内点的数量，这里的范围是 -1 到 1，并包含范围边界值。

- newaxis：该对象扩展了数组的维度。

```
In [12]: a[np.newaxis,:,:].shape
Out[12]: (1, 3, 4, 5)
```

上例扩展了数组 a 的维度，在第一维度增加了额外的数轴。下例则在第二维度增加了新的数轴：

```
In [13]: a[:,np.newaxis,:].shape
Out[13]: (3, 1, 4, 5)
```

我们还可使用布尔运算符进行过滤：

```
a[a<5]
Out[]: array([0, 1, 2, 3, 4])
```

- 对指定数轴进行求和：

```
In [14]: a.sum(2)
Out[14]:
array([[ 10,  35,  60,  85],
       [110, 135, 160, 185],
       [  0,   0,   0,   0]])
```

这里我们指定数轴为 2 进行了求和。

2.4.2 数学运算

正如所希望的那样，我们可以对 NumPy 数组运行如加法、减法、乘法，甚至三角函数等数学运算。我们还可以通过广度映射（broadcasting）对不同阵形的数组进行算术运算。当对两个数组进行运算时，NumPy 会从尾部维度开始根据元素来比较阵形，如果二者维度相等或其中之一为 1，则认为二者兼容，如果不兼容，则会抛出 ValueError 异常。

运算实际上是由 ufunc 对象完成的。该对象会对 ndarrays 的逐个元素进行操作。这些对象本质上是封装器，为标量函数提供了一致的接口，以使其能够对 NumPy 数组进行操作。NumPy 有超过 60 个 ufunc 对象，广泛覆盖了各种运算和类型。在运行运算时，ufunc 对象是被自动调用的，例如，当对两个数组使用 + 运算符运行加法运算时，会自动调用相应的 ufunc 对象。

此外还有一些额外的数学特征如下所述：

- **向量（Vectors）**：我们也可以使用 np.vectorize() 函数创建标量函数的向量化版本。该函数以 Python 的 scalar 函数或方法作为参数，输出该函数的向量化版本。

```
def myfunc(a,b):
def myfunc(a,b):
if a > b:
        return a-b
    else:
        return a + b
vfunc=np.vectorize(myfunc)
```

我们可以观察到如下输出：

```
In [18]: vfunc([1,2,3,4],[4,3,2,1])
Out[18]: array([5, 5, 1, 3])
```

- **多项式函数（Polynomial functions）**：poly1d 类允许我们以一种自然的方式来处理多项式函数。它接受降幂顺序的系数数组为参数。例如，可以按如下方式输入多项式 $2x^2 + 3x + 4$：

```
In [27]: p=np.poly1d([2,3,4])

In [28]: print(np.poly1d(p))
   2
2 x + 3 x + 4
```

我们可以看到上例中以人类可读方式打印输出了多项式。我们还可以对多项式进行各种运算，例如对给定点进行求值：

```
In [29]: p(3)
Out[29]: 31
```

- 求根：

```
In [30]: p.r
Out[30]: array([-0.75+1.19895788j,
-0.75-1.19895788j])
```

我们可以使用 asarray(p) 将多项式系数赋值为一个数组，这样就能在所有接受数组参数的函数中使用了。

正如我们所见，NumPy 的这些包为机器学习提供了强大而灵活的框架。

2.5 Matplotlib

Matplotlib 或者说其更为重要的子包 PyPlot，是 Python 中用来可视化二维数据的基本工具。这里我们只做简单介绍，因为通过例子，我们可以很容易看出其用法。PyPlot 使用命令式函数，是仿照 Matlab 进行工作的。每个 PyPlot 函数都会对一个 PyPlot 实例做出一些改变。PyPlot 的核心是 plot 方法。plot 最为简单的实现是传入一个列表或一维数组。如果只传入一个参数，plot 会假设该参数为 y 值序列，并且自动生成 x 值。通常，我们会传给 plot 两个一维数组或列表分别作为 x 和 y 坐标。plot 方法还可以接受一个用来指明线条属性的参数，例如线条的宽度、颜色和风格。示例如下；

```
import numpy as np
import matplotlib.pyplot as plt

x = np.arange(0., 5., 0.2)
plt.plot(x, x**4, 'r', x, x*90, 'bs', x, x**3, 'g^')
plt.show()
```

这段代码会打印输出三条不同风格的线条：红色线条、蓝色正方形和绿色三角形。在上例中，我们能够看到，可以传入多对坐标数组来绘制多个线条。我们可以输入 help(plt.plot) 函数得到完整的线条风格列表。

与 Matlab 一样，PyPlot 是在当前坐标轴上应用绘制命令的。如果要创建多个坐标轴，可以使用 subplot 命令。示例如下：

```
x1 = np.arange(0., 5., 0.2)
x2 = np.arange(0., 5., 0.1)

plt.figure(1)
plt.subplot(211)
```

```
plt.plot(x1, x1**4, 'r', x1, x1*90, 'bs', x1, x1**3, 'g^',linewidth=2.0)

plt.subplot(212)
plt.plot(x2,np.cos(2*np.pi*x2), 'k')
plt.show()
```

上例代码的输出如下：

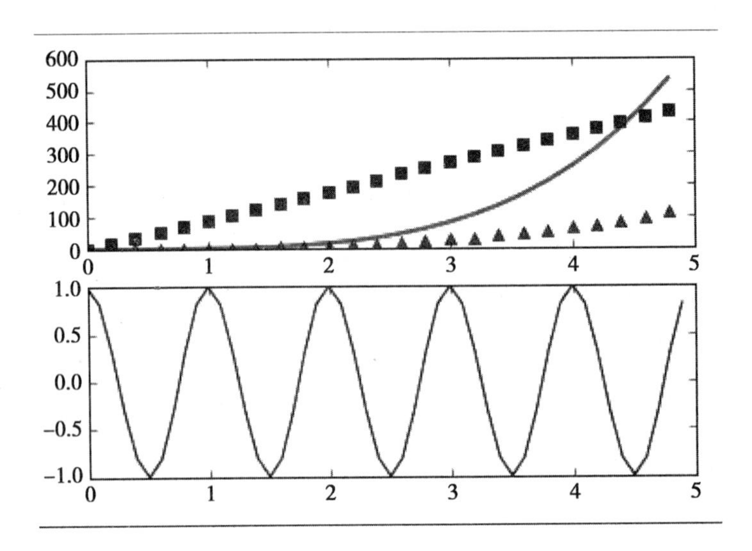

另一个有用的图形是直方图。hist() 对象以一个数组或一个数组序列作为输入值。第二个参数是方柱的数量。在下例中，我们将分布划分为 10 个方柱。当设置参数 normed 为 1 或 true 时，将对计数进行归一化，形成概率密度。还要注意在代码中，我们对 x 轴和 y 轴进行了标记，显示了标题，并且在指定坐标位置显示了一些文字。

```
mu, sigma = 100, 15
x = mu + sigma * np.random.randn(1000)
n, bins, patches = plt.hist(x, 10, normed=1, facecolor='g')
plt.xlabel('Frequency')
plt.ylabel('Probability')
plt.title('Histogram Example')
plt.text(40,.028, 'mean=100 std.dev.=15')
plt.axis([40, 160, 0, 0.03])
plt.grid(True)
plt.show()
```

这段代码的输出如下所示：

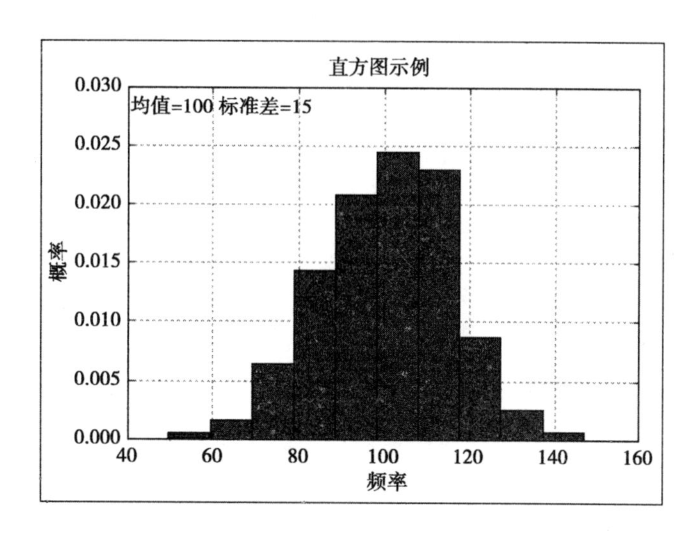

我们最后要看的二维图是散点图。scatter 对象以长度一样的两个序列对象作为参数，例如数组，散点颜色和风格属性可以作为可选参数。代码示例如下：

```
N = 100
x = np.random.rand(N)
y = np.random.rand(N)
#colors = np.random.rand(N)
colors=('r','b','g')
area = np.pi * (10 * np.random.rand(N))**2  # 0 to 10 point radiuses
plt.scatter(x, y, s=area, c=colors, alpha=0.5)
plt.show()
```

我们可以观察到如下输出：

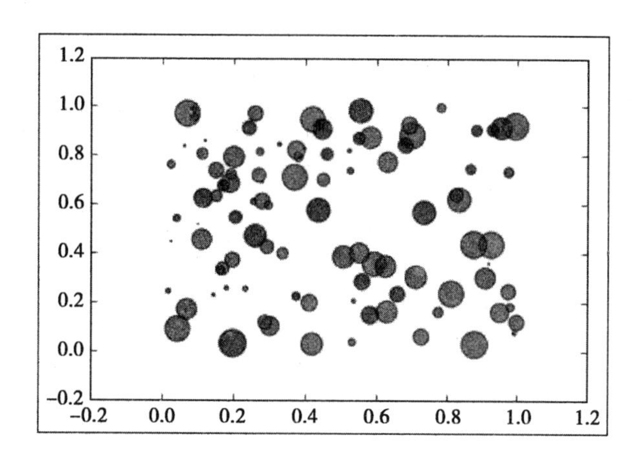

Matplotlib针对三维图形渲染也有强大的工具包。下面的代码示例中包括了简单的三维点、线和面的图形例子。三维图形与二维图形的创建方式十分相似。这里，我们使用gca函数的当前坐标轴，设置投影参数为三维。所有这些绘制方法与其对应的二维绘制方法都很像，只是需要为 z 轴提供第三组输入值：

```
import matplotlib as mpl
from mpl_toolkits.mplot3d import Axes3D
import numpy as np
import matplotlib.pyplot as plt
from matplotlib import cm

mpl.rcParams['legend.fontsize'] = 10

fig = plt.figure()
ax = fig.gca(projection='3d')
theta = np.linspace(-3 * np.pi, 6 * np.pi, 100)
z = np.linspace(-2, 2, 100)
r = z**2 + 1
x = r * np.sin(theta)
y = r * np.cos(theta)
ax.plot(x, y, z)
theta2 = np.linspace(-3 * np.pi, 6 * np.pi, 20)
z2 = np.linspace(-2, 2, 20)
r2=z2**2 +1
x2 = r2 * np.sin(theta2)
y2 = r2 * np.cos(theta2)

ax.scatter(x2,y2,z2, c= 'r')
x3 = np.arange(-5, 5, 0.25)
y3 = np.arange(-5, 5, 0.25)
x3, y3 = np.meshgrid(x3, y3)
R = np.sqrt(x3**2 + y3**2)
z3 = np.sin(R)
surf = ax.plot_surface(x3,y3,z3, rstride=1, cstride=1, cmap=cm.Greys_r,
                       linewidth=0, antialiased=False)
ax.set_zlim(-2, 2)
plt.show()
```

我们可以观察到如下输出：

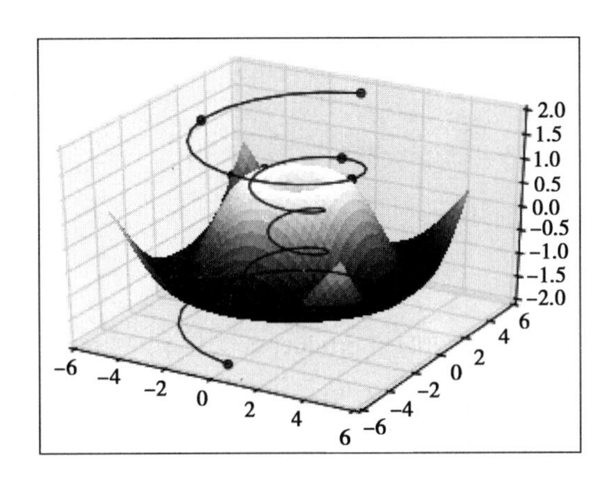

2.6 Pandas

Pandas 库建立于 NumPy 之上，并引入了一些十分有用的数据结构和功能，用于读取和处理数据。Pandas 对于通常的数据处理（data munging）来说是极为出色的工具。诸如处理缺失数据、操作阵形和大小、在数据格式和结构间进行转换，以及从不同数据源导入数据等，使用 Pandas 对这些常见任务进行处理都很容易。

Pandas 引入的主要数据结构有：

- Series
- DataFrame
- Panel

DataFrame 大概是使用最为广泛的。它是一个二维结构，实际上是由 NumPy 的数组、列表、字典，或是 series 等创建的表。我们还可以通过读取文件来创建 DataFrame。

感受 Pandas 最好的方式大概就是完成一个典型的用例。假设我们有一个任务，研究每日最高温度如何随着时间变化。在这个例子中，我们将使用塔斯马尼亚的霍巴特气象站的天气观测历史数据。我们需要从地址 http://davejulian.net/mlbook/data 下载 ZIP 文件，并将其解压到 Python 工作目录中名为 data 的文件夹中。

首先，我们需要从中创建一个 DataFrame：

```
import pandas as pd
df=pd.read_csv('data/sampleData.csv')
```

检查一下数据中最开始的几行：

```
df.head()
```

我们可以看到，每行都有相同的“product code”和“station number”，而这些信息是多余的。同时，累计最高温度的天数（“Days of accumulation of maximum temperature”）与我们的目标无关，因此也将其删除：

```
del df['Bureau of Meteorology station number']
del df['Product code']
del df['Days of accumulation of maximum temperature']
```

为了让数据读起来简单点，我们将列标记缩短：

```
df=df.rename(columns={'Maximum temperature (Degree C)':'maxtemp'})
```

我们只关心优质数据，因此只需要列出“quality”值为 Y 的记录：

```
df=df[(df.Quality=='Y')]
```

我们可以从数据中得到统计汇总：

```
df.describe()
```

	Year	Month	Day	maxtemp
count	44250.000000	44250.000000	44250.000000	44250.000000
mean	1952.207503	6.536339	15.734870	16.929941
std	38.212270	3.446311	8.802089	5.030362
min	1882.000000	1.000000	1.000000	4.300000
25%	1924.000000	4.000000	8.000000	13.300000
50%	1954.000000	7.000000	16.000000	16.400000
75%	1985.000000	10.000000	23.000000	20.000000
max	2015.000000	12.000000	31.000000	41.800000

如果引入 matplotlib.pyplot 包，我们可以用这些数据绘图：

```
import matplotlib.pyplot as plt
plt.plot(df.Year, df.maxtemp)
```

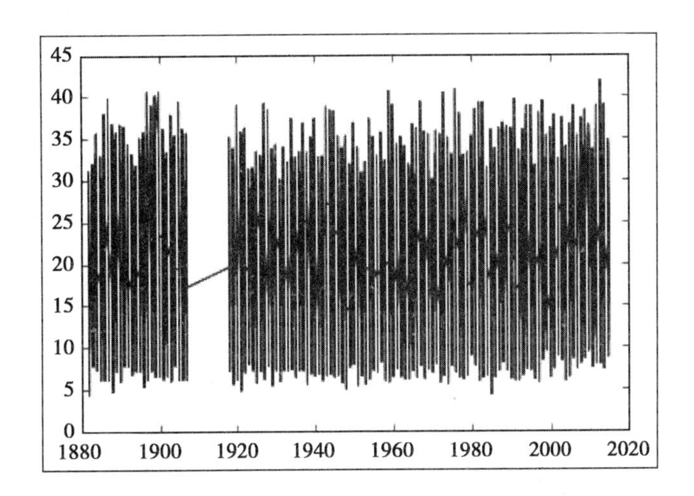

请注意 PyPlot 正确地绘制了日期轴的格式，对于缺少的那段时间的数据，PyPlot 通过连接其两边的已知点进行了处理。我们可以通过如下方式将 DataFrame 转换为 NumPy 的数组：

```
ndarray = df.values
```

如果 DataFrame 中包含多种数据类型，那么该函数会将这些类型都转换为它们的最小公分母类型，也就是说，会选择能够容纳所有值的那个类型。例如，如果 DataFrame 由 float 16 和 float 32 混合组成，则所有值都会转换为 float 32。

Pandas 的 DataFrame 非常适用于浏览和操作简单的文本和数值数据。然而，对于更为复杂的数值处理，例如计算点积，或者对线性系统求解等，Pandas 可能就不适用了。对于数值应用，我们一般使用 NumPy 类。

2.7 SciPy

SciPy 对 NumPy 增加了一层，在 NumPy 更为纯粹的数学构造之上，封装了常用的科学和统计应用。SciPy 为数据的操作和可视化提供了更高级的函数，并且特别适用于交互式地使用 Python。SciPy 由覆盖了不同科学计算应用的子包组成。下面列出了与机器学习最为相关的包及其功能：

包	描　述
cluster	包含两个子包： cluster.vq 用于 K- 均值聚类和向量量化 cluster.hierachy 用于层次和凝聚聚类，对距离矩阵、簇统计计算和树状图可视化簇等十分有用
constants	物理和数学常数，例如 π 和 e
integrate	微分方程求解器
interpolate	在已知点的区间内创建新数据点的插值函数
io	用于创建字符串、二进制或裸数据流，以及读写文件的输入和输出函数
optimize	优化和求根
linalg	线性代数例程，例如基本矩阵计算、线性系统求解、行列式和范数求解，以及分解
ndimage	N 维图形处理
odr	正交距离回归
stats	统计分布和统计函数

NumPy 和 SciPy 包中有很多名字相同且功能类似的模块，其中 SciPy 中的大部分模块都是从 NumPy 导入的，并进行了功能扩展。然而需要注意的是，虽然 SciPy 中有些函数的名字和 NumPy 完全一样，但是其功能却稍有不同。还需要提示的是，SciPy 的很多类在 scikit-learn 包中都有便利性的封装，有时这些封装更容易使用。

每个包都需要显式导入，如以下代码所示：

```
import scipy.cluster
```

我们可以从 SciPy 的网站（scipy.org）或控制台获得其文档，例如，help(scipy.cluster)。

正如我们所见，优化是不同机器学习环境中的常见任务。在上一章，我们考察了单纯形法的数学原理，这里，我们使用 SciPy 对其进行实现。我们使用单纯形法对线性方程组进行了优化，问题如下：

在约束方程中，$2x_1 + x_2 \leqslant 4$ 和 $x_1 + 2x_2 \leqslant 3$，求 $x_1 + x_2$ 的最大值。

linprog 可能是解决此问题最简单的对象，它是最小化算法，因此我们需要反转目标的符号。

首先从 scipy.optimize 导入 linprog：

```
objective=[-1,-1]
con1=[[2,1],[1,2]]
con2=[4,3]
res=linprog(objective,con1,con2)
print(res)
```

我们可以观察到如下输出：

```
     nit: 2
 message: 'Optimization terminated successfully.'
  status: 0
       x: array([ 1.66666667,  0.66666667])
 success: True
     fun: -2.3333333333333335
   slack: array([ 0.,  0.])
```

这里还有个对象是 optimisation.minimize，适于解决稍微复杂一些的问题。此对象需要一个求解器作为参数，而目前有十几个可用的求解器，如果需要更为特殊的求解器，则可以自己实现一个。最常用的，适于大多数问题的求解器是 nelder-mead。这一特殊的求解器使用了下降单纯形法（downhill simplex），这基本上是一种启发式搜索，即用所有剩余点的质心点来替换误差最高的测试点，并不断迭代这一过程，直到收敛为最小。

在下面的例子中，我们使用 Rosenbrock 函数作为测试问题。这是个非凸函数，常用来检验优化问题。该函数的全局极小值在一个长的抛物线波谷，因此，要在一个大的、相对平坦的波谷中找到极小值，对于算法来说是具有挑战的。该函数示例如下：

```
import numpy as np
from scipy.optimize import minimize
def rosen(x):
    return sum(100.0*(x[1:]-x[:-1]**2.0)**2.0 + (1-x[:-1])**2.0)

def nMin(funct,x0):
```

```
    return(minimize(rosen, x0, method='nelder-mead', options={'xtol':
        1e-8, 'disp': True}))

x0 = np.array([1.3, 0.7, 0.8, 1.9, 1.2])

nMin(rosen,x0)
```

上面代码的输出如下：

```
Optimization terminated successfully.
         Current function value: 0.000000
         Iterations: 339
         Function evaluations: 571
```

上例中的 minimize 函数有两个强制性参数，即目标函数和初始值 x_0。此外还需要一个可选参数，即求解器方法，此例中我们使用 nelder-mead 方法。字典 options 是特定于求解器的一组键值对。这里，xtol 是对收敛可接受的相对误差，disp 用于设置消息打印。对于机器学习应用极为有用的另一个包是 scipy.linalg。这个包增加了执行诸如逆矩阵、特征值计算，以及矩阵分解等任务的能力。

2.8 Scikit-learn

Scikit-learn 包含了最常见的机器学习任务的算法，例如，分类、回归、聚类、降维、模型选择和预处理。

Scikit-learn 中有一些用于练习的真实世界的数据集。我们来看看其中之一，Iris 数据集：

```
from sklearn import datasets
iris = datasets.load_iris()
iris_X = iris.data
iris_y = iris.target
iris_X.shape
(150, 4)
```

该数据集包含了三种 iris 类型（Setosa、Versicolor 和 Virginica）的 150 个样本，每个样本具有四个特征。我们可以获取数据集的描述：

```
iris.DESCR
```

我们可以看到四个属性或特征分别是，萼片宽度、萼片长度、花瓣长度和花瓣宽度，单位为厘米。每个样本属于三种类型之一。Setosa、Versicolor 和 Virginica 分别由 0、1 和 2 表示。

让我们使用这一数据来观察一个简单的分类问题。我们期望根据萼片和花瓣的长度和宽度特征来预测 iris 的类型。通常，scikit-learn 使用估计来实现 fit(X, y) 和 predict(X) 方法，其中 fix(X, y) 用于训练分类器，predict(X) 根据给定的无标签观察值 X 返回预测的标签 y。fit() 和 predict() 方法通常需要一个二维数组对象作为参数。

这里我们将使用 K 近邻（K-NN）算法来解决此分类问题。K-NN 的原理比较简单，即通过近邻数据的类别来对无标签样本进行分类。对每个数据点的分类，首先找到少量的与其最为相邻的 k 个数据点，然后根据 k 个数据点中占多数的类型来确定其类型。K-NN 是一种基于实例的学习，其分类不是取决于其内在的模型，而是对有标签测试集进行参考。K-NN 只是简单地记住所有训练数据，并与每个新样本进行比较，因此它是一种非归纳方法。尽管 K-NN 显得简单，也许正是因为简单，所以这是一种使用非常广泛的技术，用于解决各种分类和回归问题。

在 Scikit-learn 中有两种不同的 K-NN 分类器。KNeighborsClassifier 需要用户来指定 k，即近邻数据的数量。RadiusNeighborsClassifier 则不同，它对每个训练数据点指定固定的半径 r，根据半径 r 内的近邻数量进行学习。KNeighborsClassifier 更为常用。k 值的优化取决于数据，通常，噪声数据较多时使用较大的 k 值，而这样也牺牲了一些分类边界的明确性。如果数据不是均匀采样的，则 RadiusNeighborsClassifier 可能是更好的选择。因为近邻的数量取决于半径，所以每个点的 k 值会不同，稀疏区域的 k 值要小于样本密度高的区域：

```
from sklearn.neighbors import KNeighborsClassifier as knn
from sklearn import datasets
import numpy as np
import matplotlib.pyplot as plt
from matplotlib.colors import ListedColormap

def knnDemo(X,y, n):

    #cresates the the classifier and fits it to the data
    res=0.05
    k1 = knn(n_neighbors=n,p=2,metric='minkowski')
    k1.fit(X,y)

    #sets up the grid
    x1_min, x1_max = X[:, 0].min() - 1, X[:, 0].max() + 1
    x2_min, x2_max = X[:, 1].min() - 1, X[:, 1].max() + 1
    xx1, xx2 = np.meshgrid(np.arange(x1_min, x1_max, res),np.arange(x2_
min, x2_max, res))
    #makes the prediction
    Z = k1.predict(np.array([xx1.ravel(), xx2.ravel()]).T)
    Z = Z.reshape(xx1.shape)

    #creates the color map
    cmap_light = ListedColormap(['#FFAAAA', '#AAFFAA', '#AAAAFF'])
    cmap_bold = ListedColormap(['#FF0000', '#00FF00', '#0000FF'])

    #Plots the decision surface
    plt.contourf(xx1, xx2, Z, alpha=0.4, cmap=cmap_light)
    plt.xlim(xx1.min(), xx1.max())
    plt.ylim(xx2.min(), xx2.max())

    #plots the samples
    for idx, cl in enumerate(np.unique(y)):
        plt.scatter(X[:, 0], X[:, 1], c=y, cmap=cmap_bold)

    plt.show()

iris = datasets.load_iris()
```

```
X1 = iris.data[:, 0:3:2]
X2 = iris.data[:, 0:2]
X3 = iris.data[:,1:3]
y = iris.target
knnDemo(X2,y,15)
```

以下是上面代码的输出如下图所示：

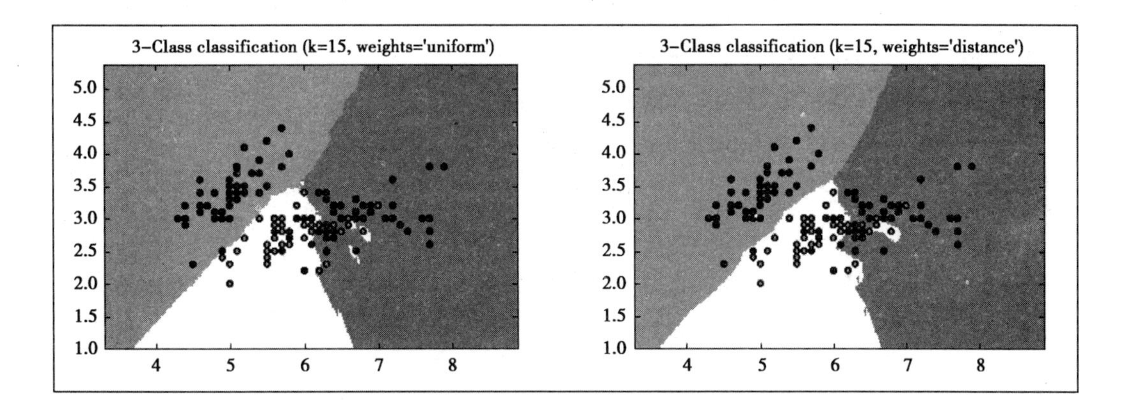

现在，我们再来看看 Scikit-learn 如何解决回归问题。最简单的方案是最小化误差平方和。对此可以使用 LinearRegression 对象。该对象的 fit() 方法需要两个向量参数：X 是特征向量，y 是目标向量。

```
from sklearn import linear_model
clf = linear_model.LinearRegression()
clf.fit ([[0, 0], [1, 1], [2, 2]], [0, 1, 2])
clf.coef_
array([ 0.5,  0.5])
```

LinearRegression 对象有四个可选的参数：

- fit_intercept：布尔值，如果设为 false，则假设数据是居中的，模型在计算时不会使用截距。默认值是 true。
- normalize：如果为 true，X 将在回归前以 0 为均值，1 为方差进行归一化。因为归一化后能够比较明确地解释回归系数，所以有时会有用。默认值是 false。
- copy_X：默认值为 true。如果设为 false，将会覆盖 X。

- n_jobs：计算时所用作业的数量，默认值为1。在多CPU的情况下，对于大型问题可以用来加速计算。

其输出有如下属性：

- coef_：线性回归问题的估计系数数组。如果y是多维的，即有多个目标变量，则coef_是以(n_targets, n_features)为形式的二维数组。如果只传入一个目标变量，则coef_将是长度为n_features的一维数组。
- intercept_：线性模型中的截距或独立项数组。

对于**普通最小二乘法（Ordinary Least Squares）**，我们假设特征是独立的。当特征之间具有相关性时，则X矩阵会接近奇异性。这意味着估计将对输入数据的微小变化高度敏感。这被称为**多重共线性（multicollinearity）**，它会导致大的方差和最终不确定性。后续会深入讨论这一问题，但现在来看一个某种程度上可以解决该问题的算法。

岭回归不仅可以解决多重共线性问题，还可以用于输入变量远远超出样本数量的情形。linear_model.Ridge()对象使用了L2正则化。直观地讲，我们可以将其理解为对权重向量的极值加以惩罚。这样会使平均权重更小，因此有时也称为**收缩（shrinkage）**。因为其减小了对极值的敏感度，所以会使模型更为稳定。

Scikit-learn的linear_model.ridge对象增加了一个正则化参数alpha。通常，赋予alpha一个小的正值会提高模型的稳定性。alpha也可以是浮点数或数组。如果是数组，则假设数组对应于目标变量，因此，其大小与目标变量相同。我们可以尝试下面的简单函数：

```
from sklearn.linear_model import Ridge
import numpy as np

def ridgeReg(alpha):

    n_samples, n_features = 10, 5
    y = np.random.randn(n_samples)
```

```
        X = np.random.randn(n_samples, n_features)
        clf = Ridge(.001)
        res=clf.fit(X, y)
        return(res)
    res= ridgeReg(0.001)
    print (res.coef_)
    print (res.intercept_)
```

接下来我们再看看 scikit-learn 中用于降维的算法。降维对于机器学习十分重要，因为这样可以减少模型需要考虑的输入变量或特征的数量。这样会使模型更有效率，并且使结果更容易解释。同时，这样还能减少过度拟合而提高模型的普遍性。

当然，避免丢弃影响模型准确性的信息也很重要。降维算法的主要工作就是确定哪些是冗余或无关的数据。通常有两种方法：特征提取和特征选择。特征选择是试图在原始特征变量中找到子集。特征提取则不同，是指结合那些具有相关性的变量，在此之上创建新的特征变量。

让我们先看看可能是最常用的特征提取算法，即**主成分分析（PCA）**。PCA 使用正交变换将一组相关变量转换为一组不相关变量。其中的重要信息，如向量长度和向量之间的角度，保持不变。这些信息由内积定义，并在正交变化中保持不变。PCA 构造特征向量的方式是，第一成分尽可能多地表示数据中的可变性，后续成分所表示的可变性则依次减少。这意味着，对于大多数模型，我们可以只选择少量的主要成分，只要它们所表示的数据可变性能够满足实验规格所要求的即可。

径向基函数（RBF）大概是最为通用的、在大多数情况下都能给出良好结果的核函数。径向基核函数采用参数 gamma，可以粗略地理解为每个样本的径向作用范围的逆。gamma 值小则意味着对于模型所选择的样本，每个样本的作用范围半径大。KernalPCA 的 fit_transform 方法接受一个训练向量，对模型进行拟合，并变换为主成分。例如：

```
import numpy as np
import matplotlib.pyplot as plt
from sklearn.decomposition import KernelPCA
from sklearn.datasets import make_circles
np.random.seed(0)
```

```
X, y = make_circles(n_samples=400, factor=.3, noise=.05)
kpca = KernelPCA(kernel='rbf', gamma=10)
X_kpca = kpca.fit_transform(X)
plt.figure()
plt.subplot(2, 2, 1, aspect='equal')
plt.title("Original space")
reds = y == 0
blues = y == 1
plt.plot(X[reds, 0], X[reds, 1], "ro")
plt.plot(X[blues, 0], X[blues, 1], "bo")
plt.xlabel("$x_1$")
plt.ylabel("$x_2$")
plt.subplot(2, 2, 3, aspect='equal')
plt.plot(X_kpca[reds, 0], X_kpca[reds, 1], "ro")
plt.plot(X_kpca[blues, 0], X_kpca[blues, 1], "bo")
plt.title("Projection by KPCA")
plt.xlabel("1st principal component in space induced by $\phi$")
plt.ylabel("2nd component")
plt.subplots_adjust(0.02, 0.10, 0.98, 0.94, 0.04, 0.35)
plt.show()
#print('gamma= %0.2f' %gamma)
```

正如我们所见，有监督学习算法成功的主要障碍是，由训练数据到测试数据的转化。有标签训练集可能具有独特的特点，而新的无标签数据并没有。我们可以看到，对于训练数据，训练的模型可以十分精确，然而这种精确性可能无法转化到无标签测试数据上。过度拟合是有监督学习的一个重要问题，而我们有很多技术可以用来最小化这一问题。一种方式是使用交叉验证来对模型在训练集上的估计性能进行评价。让我们使用支持向量机在 iris 数据上对此进行尝试。首先，我们需要将数据分割为训练集和测试集。train_test_split 方法接受两个数据结构：数据本身和分割结果。这两个结构可以是 NumPy 数组、Pandas 的 DataFrames 列表，或 SciPy 矩阵。正如我们所期望的，分割结果的长度应该和数据一样。test_size 参数可以是 0 和 1 之间的浮点数，表示分割数据的比例，也可以是整数，表示测试样本的数量。这里，我们对 test_size 赋值为 0.3，表示我们将 40% 的数据用于测试。

在本例中，我们使用 svm.SVC 类和 .scores 的方法来返回测试数据在标签预测中的平均精度：

```
from sklearn.cross_validation import train_test_split
from sklearn import datasets
from sklearn import svm
from sklearn import cross_validation
iris = datasets.load_iris()
X_train, X_test, y_train, y_test = train_test_split (iris.data,
iris.target, test_size=0.4, random_state=0)
clf = svm.SVC(kernel='linear', C=1).fit(X_train, y_train)
scores=cross_validation.cross_val_score(clf, X_train, y_train, cv=5)
print("Accuracy: %0.2f (+/- %0.2f)" % (scores.mean(), scores.std() * 2))
```

我们可以观察到如下输出：

```
Accuracy: 0.99 (+/- 0.05)
```

支持向量机有个 penalty 参数需要手工设置，我们很可能要调整这一参数并多次运行 SVC，直到获得最优拟合。然而即使完成这一步，由于从训练集到测试集存在信息泄漏，我们可能还是存在过度拟合的问题。对于任何存在手工设置参数的估计都会有这个问题，我们将在第 4 章中进行探索。

2.9 总结

我们已经浏览了基本的机器学习工具包，及其在一些简单数据集上的应用示例。你可能会开始疑惑，如何在真实世界的问题中应用这些工具。我们所讨论的库之间有相当大的重叠。许多库能够完成同样的任务，只是以不同方式来完成同一功能。遇到问题后选择哪个库，并不一定有明确的答案。没有最好的库，只有最适合的库，而这是因人而异的，当然也取决于应用的具体细节。

下一章，我们将探索机器学习最为重要、也往往被人忽视的方面，那就是数据。

CHAPTER 3

第 3 章

将数据变为信息

原始数据可能有多种不同格式，其数量和质量也可能各不相同。有时，我们会被数据淹没，而有时，我们希望从数据中榨取最后一滴信息。数据成为信息，需要有意义的结构。我们经常要处理不兼容的格式、不一致性、错误和缺失的数据。能够访问数据集的不同部分，或者基于某些关系准则从数据中抽取子集，这些都很重要。我们需要从数据中发现模式，并且感知数据是如何分布的。我们能够使用许多工具来发现数据中隐藏的信息，例如可视化数据、运行算法，或者仅仅是在电子表格中查看数据。

在本章，我们将介绍如下一些广泛的主题：

- 大数据
- 数据属性
- 数据源
- 数据处理和分析

首先，让我们来了解以下的概念。

3.1 什么是数据

数据可以存储于硬盘，在网络中传输，或者由摄像头或麦克风等传感器实时捕获。

如果我们是对物理现象进行采样，例如记录视频或音频，其空间是连续的，实际上也是无限的。而一旦此空间被采样，也就是被数字化，则对其创建了一个有限子集，并且至少对其强加了一些微小结构。例如硬盘上的数据，用比特进行了编码，并且被赋予了诸如名字、创建日期等属性。除此之外，如果数据是用来在某一应用中使用，我们则需要问："数据是如何组织的？数据需要有效支持什么样的查询？"

当面对不曾见过的数据集时，首先要做的是探索。数据探索包括检查数据的成分和结构。其中有多少样本？每个样本有多少维度？每个维度的数据类型是什么？我们还应该获得对变量之间的关系及其分别的认知。我们需要检查数据值是否与我们的期望一致。数据中是否有明显的错误或差距？

数据探索必须在特定问题的范围框架中进行。显然，首先需要发现这些数据集是否可能提供有用的答案。是否值得我们继续进行，或者还需要收集更多的数据？探索性的数据分析不一定要在头脑中形成特定假设，但或许需要对哪些假设可能提供有用信息具有意识。

数据是支持，还是反对某一假设的证据。这一证据只有在能够与对立假设进行对比时才有意义。任何科学过程都需要有控制。为测试某一假设，我们需要与等价系统进行对比，其中我们关注的变量需要保持固定。我们应该试图通过某一机制和解释来说明其中的因果关系。我们的观察需要合理的解释。我们还应该考虑到，真实世界是由多个交互的成分组成，而处理多元数据会导致复杂性指数级增长。

在我们处理新的数据集时，要具备这些想法，这是我们寻求探索的领域的草图。我们有目标，一个想要到达的点，而数据正是通过其中未知领域的地图。

3.2 大数据

在全球范围内所创建和存储的数据量几乎是不可想象的，而且还在持续增长。大数据正是描述这一海量数据的术语，包括结构化和非结构化数据。现在我们来深入理解大数据，首先从大数据所带来的挑战开始。

3.2.1 大数据的挑战

大数据以以下三方面的挑战为特点：

- 数据量
- 数据速率
- 数据多样性

1. 数据量

量的问题可以从三个不同的方向来解决：效率（efficiency）、扩展性（scalability）和并行化（parallelism）。效率是指处理单位信息的算法运行时间的最小化。其中一个因素是底层硬件的处理能力。另外一个因素是，我们需要更多的控制，确保算法不在无关任务上浪费宝贵的处理周期。

扩展性实际上是使用蛮力，就是对一个问题尽可能多地投入硬件。对于摩尔定律（Moore's law），计算机处理能力有每两年增长一倍的趋势，直到达到极限；而扩展性本身显然无法跟上一直在增长的数据量。在大多数情况下，简单地增加内存和使用更快的处理器并不是性价比高的解决方案。

并行化是机器学习正在发展的领域，包括了一些不同的方法，从利用多核处理器的能力，到在不同平台上的大规模分布式计算。大致来说，最常见的方法是，在许多机器上简单地运行同一算法，每台机器采用不同的参数设置。另一种方法是，将学习算法分解为自适应查询序列，并且并行地处理这些查询。这种技术的一种常见实现就是MapReduce，而其开源版本就是Hadoop。

2. 数据速率

速率问题通常按照数据生产者和数据消费者来解决。两者之间的数据传输速度被称为速率，可以通过交互响应时间来度量。也就是从请求的发起到其应答的交付所需要的时间。响应时间由延时所约束，例如硬盘的读写时间，以及数据在网络的传送时间等。

数据正在以比过去更高的速率产生，这主要是由快速扩张的移动网络和设备所驱动的。日常生活中越来越多的移动设备对商品和服务的交付方式产生了革命性的改变。增长的数据流引领了流式处理（streaming processing）的思想。当输入数据以无法完整存储的速率产生时，就有必要在数据流层面进行分析，其本质就是，决定哪些数据是有用的，需要进行存储，哪些数据可以丢弃。欧洲核子研究中心的大型强子对撞机（Large Hadron Collider）就是一个极端的例子，在那里绝大部分数据都被丢弃了。他们使用了一种复杂的算法，必须对所有正在产生的数据进行扫描，如同大海捞针一样，寻找其中有价值的信息。另外一种例子是，当应用需要立即响应时，处理数据流就会变得十分重要。对于在线游戏和证券市场交易等应用，数据流分析的应用变得日益广泛。

我们所关注的不仅仅是输入数据的速率，在很多应用中，尤其是互联网，系统输出的速率也同样重要。例如像推荐系统这样的应用，需要处理大量的数据，并在网页加载时就要展示其响应。

3. 数据多样性

从不同的数据源采集数据总是意味着要处理未对齐的数据结构和不兼容的格式。这通常还意味着要处理不同的语义，并且要理解可能建立在相当不同的逻辑前提下的数据系统。我们必须记得，在大多数情况下，重新使用数据的应用与原本使用这些数据的应用完全不同。数据格式和底层系统有着巨大的多样性。将数据转换为一致的格式是值得花费时间的。尽管进行了格式统一，但数据本身还需要进行对齐，让每条记录都由相同数量的特征组成，并且有相同的度量单位。

以相对简单的网页数据收集任务为例。通过使用标记语言，网页数据已经是结构化的了，通常是 HTML 或者 XML，这为我们提供了一些初始结构。然而，我们必须仔细地审阅网站，看看有没有非标准的与信息相关的内容展现和标记方式。XML 的目标是在标记中包含与内容相关的信息，例如使用作者或主题标签。然而，这些标签的使用远远不是普遍和一致的。此外，网站是动态环境，许多网站都会经历频繁的结构变化。这些变化会经常破坏那些期望特定网页结构的网络应用。

下图展示了大数据挑战的两个维度。其中包括一些例子，显示了其领域在此空间的大概位置。例如，天文学的数据源非常少，望远镜和天文台的数量相对有限，但是天文学家要处理的数据量是巨大的。另一方面，我们或许可以和环境科学进行对比，环境科学的数据来自各种数据源，例如远程传感器、实地调查、验证过的二手材料等。

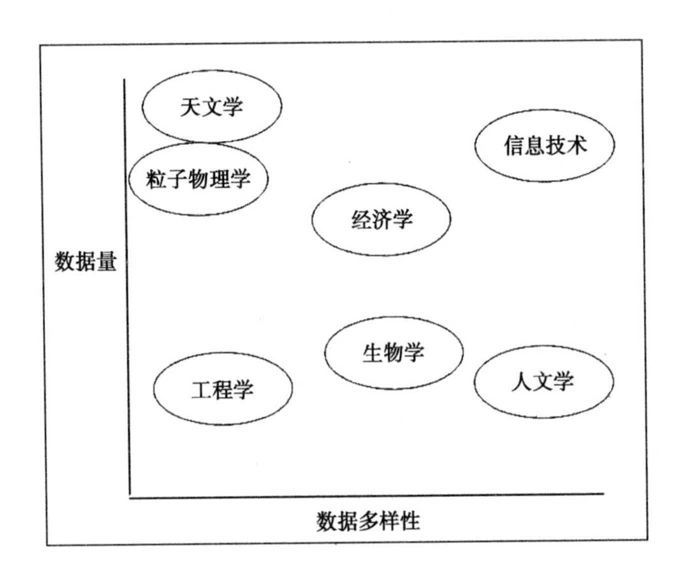

整合不同的数据集会花费大量的开发时间，某些情况下甚至会占用90%的开发时间。每个项目的数据需求都会不同，而设计过程中的重要一环就是针对以上三种情况对数据集进行定位。

3.2.2 数据模型

数据学家的基本问题就是，数据是如何存储的。我们可能会讨论硬件，在这方面，我们指的是诸如计算机硬盘或闪盘等非易失性存储。解释此问题的另一方式（更符合逻辑的方式）是，数据是如何组织的？对于个人计算机，最为可见的方式是，数据分层存储于嵌套的文件夹和文件中。数据也可以存储于表格式文件或电子表格中。在考虑结构的时候，我们关注的是分类和分类的类型，以及它们是如何关联的。在表中，我们需要多少列？在关系数据库中，表是如何连接的？数据模型不应该对数据强加结构，而是应该发现数据中呈现出来的最为自然的结构。

数据模型由以下三种成分组成：

- **结构（Structure）**：表被组织为列和行；树形结构有节点和边；字典有键值对结构。
- **约束（Constraints）**：定义了有效结构的类型。对于表，约束可以包括，所有行具有相同数量的列，每一列对于每一行具有相同的数据类型。例如，列“items sold”应该只包含整数值。对于分层结构，约束可以是文件夹只能有一个直接父亲。
- **操作（Operations）**：包括诸如根据指定键值寻找特定值，或寻找所有“items sold”大于 100 的行等操作。操作有时会从数据模型中分离出去，因为操作通常处于软件分层的更高层级。然而，所有这三个成分是紧耦合的，因此将操作作为数据模型的一部分是有意义的。

为了使用数据模型封装原始数据，我们创建了数据库。数据库解决了以下关键问题：

- **数据共享**：允许多用户访问同一数据，并有不同的读写权限。
- **模型强制**：不仅包括强加于结构之上的约束，例如层级结构中的父子关系；还包括更高层级的约束，例如只允许对一个用户命名为“bob”，或者只允许在 1 和 8 之间取值。
- **伸缩性**：一旦数据大小超过了所分配的易失性存储空间，就需要一些机制，既能便利地传输数据，又能允许对大量的行和列进行高效的遍历。
- **灵活性**：本质上是试图隐藏复杂性，并提供与数据进行交互的标准方式。

3.2.3 数据分布

数据的一个关键特点是其概率分布。最为常见的分布是正态分布或高斯分布。在许多物理系统中都发现了这种分布，这是任何随机过程的基础。正态函数可以通过概率密度函数（probability density function）来定义：

$$f(x) = \frac{1}{(\sigma\sqrt{2\pi})}\frac{e^{-(x-\mu)^2}}{(2\sigma^2)}$$

这里，δ是标准差（standard deviation），μ 是均值（mean）。该方程简单地描述了随机变量 x 取值为指定值的相对可能性。我们可以把标准差解释为钟形曲线的宽度，均值为其中心。有时使用方差（variance），即标准差的平方。标准差本质上度量了分布的幅度。作为普遍的经验法则，在正态分布中，68% 的值在均值的一个标准差范围内，95% 的值在均值的两个标准差范围内，而 99.7% 在均值的 3 个标准差范围内。

我们可以运行下面的代码，使用不同的均值和方差参数来调用 normal() 函数，来感受一下正态分布。在本例中，我们绘制了一个正态分布图，其中均值为 1，方差为 0.5：

```
import numpy as np
import matplotlib.pyplot as plt
import matplotlib.mlab as mlab

def normal(mean = 0, var = 1):
    sigma = np.sqrt(var)
    x = np.linspace(-3,3,100)
    plt.plot(x,mlab.normpdf(x,mean,sigma))
    plt.show()

normal(1,0.5)
```

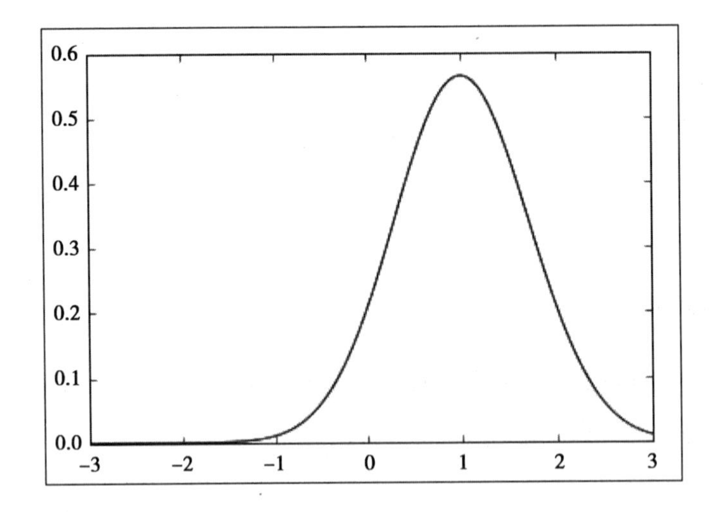

与高斯分布相关的是二项分布。如果重复一个二项过程，例如抛硬币，我们实际上会得到一个正态分布。随着时间，抛硬币结果是正面的概率接近 50%。

$$P(x) = \frac{(n!)}{(x!(n-x)!)}p^{(x)}q^{(n-x)}$$

在这个公式中，n 是抛硬币的次数，p 是有一半为正面的概率，而 q 也就是 $(1-p)$，是有一半为反面的概率。在典型的实验中，n 决定了在一系列抛掷中不同结果的概率，我们可以多次运行这一实验，很显然，运行的次数越多，我们就越能理解这一系统的统计行为：

```
from scipy.stats import binom
def binomial(x=10,n=10, p=0.5):
    fig, ax = plt.subplots(1, 1)
    x=range(x)
    rv = binom(n, p)
    plt.vlines(x, 0, (rv.pmf(x)), colors='k', linestyles='-')
    plt.show()
binomial()
```

我们可以观察到如下输出：

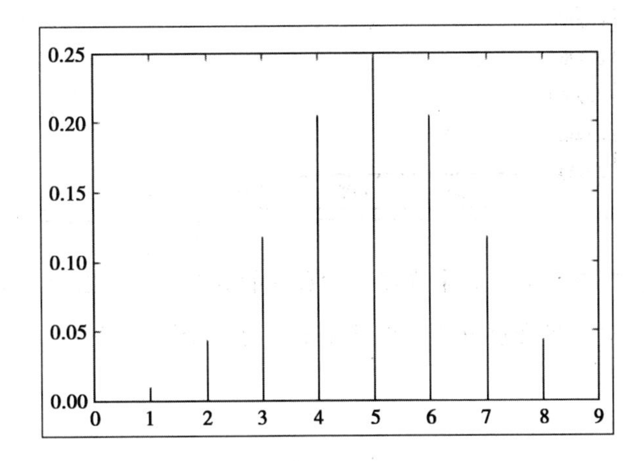

离散分布的另一方面是理解指定数量的事件在特定空间和时间内发生的可能性。如果已知指定事件以平均速率发生，并且是独立发生的，那么我们可以将其描述为泊松分布。我们使用概率质量函数可以很好地理解这一分布。概率质量函数度量了指定事件在空间 / 时间的指定点发生的概率。

泊松分布有两个参数：λ，大于 0 的实数；k，取值为 0、1、2 等的整数。

$$f(k;\lambda) = \Pr(X = k) = \lambda^k \frac{e^{\lambda}}{k}!$$

这里，我们使用 scipy.stats 模块绘制了泊松分布图：

```
from scipy.stats import poisson
def pois(x=1000):
    xr=range(x)
    ps=poisson(xr)
    plt.plot(ps.pmf(x/2))
pois()
```

上述代码输出如下：

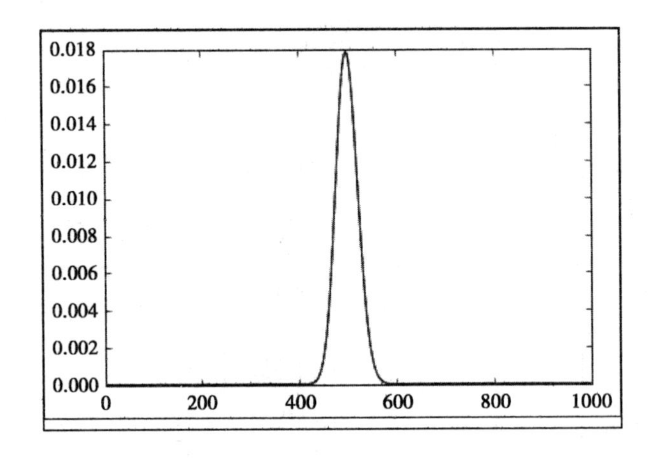

我们可以使用概率密度函数来描述连续数据的分布。该函数描述了连续随机变量为指定值的可能性。对于单变量分布，也就是说只有一个随机变量，点 X 在区间 (a, b) 的概率为：

$$\int_a^b f_X(x)\,dx$$

概率密度函数描述了抽样总体中的取值 x 落在区间 a 和 b 之间的比率。密度函数实际上只有在对其进行积分后才有意义，这将告诉我们抽样总体在特定取值范围内的分布密度。我们可以将其直观地理解为概率函数曲线下方在两点之间的面积。累积密度函数（Cumulative Density Function，CDF）被定义为概率密度函数 $f(x)$ 的积分：

$$F_{\gamma}(x) = \int_{-m}^{x} f_X(u)\,du$$

CDF 描述了抽样总体中对于特定变量取值小于 x 的比例。下面的代码展示了一个离散（二项）累积分布函数。形态参数 s1 和 s2 决定了步长：

```
import scipy.stats as stats
def cdf(s1=50,s2=0.2):

    x = np.linspace(0,s2 * 100,s1 *2)
    cd = stats.binom.cdf
    plt.plot(x,cd(x, s1, s2))
    plt.show()
```

3.2.4 来自数据库的数据

我们一般通过查询语言与数据库进行交互。最流行的查询语言之一是 MySQL。Python 的数据库规范 PEP 0249 为兼容数量众多的数据库类型创建了统一的工作方式。这可以让我们的代码对不同数据库更具可移植性，并且允许了更大的数据库连通性范围。我们将使用 mysql.connector 类进行示范，以说明其简便之处。MySQL 具有直观的、可读性好的查询语言，是最为流行的数据库格式之一。为了练习，我们需要在机器上安装 MySQL 服务器，可以从 https://dev.mysql.com/downloads/mysql/ 下载。

示例中还用到了名为 world 的测试数据库，该数据库含有世界城市的统计数据。

确保 MySQL 服务器处于运行状态，并运行如下代码：

```
import mysql.connector
from mysql.connector import errorcode

cnx = mysql.connector.connect(user='root', password='password',
                              database='world', buffered=True)
cursor=cnx.cursor(buffered=True)
query=("select * from city where population > 1000000 order by
population")
cursor.execute(query)
worldList=[]
```

```
for (city) in cursor:
    worldList.append([city[1],city[4]])
cursor.close()
cnx.close()
```

3.2.5 来自互联网的数据

互联网的信息被组织为HTML或XML文档。标记语言中的标签给了我们清晰的钩子（hook），可用于对数据进行抽样。数值型数据通常出现在表格中，因此相对容易使用，因为数据已经进行了有意义的结构化。我们来看一段典型的HTML文档：

```
<table border="0" cellpadding="5" cellspacing="2" class="details"
width="95%">
      <tbody>

      <th>Species</th>
      <th>Data1</th>
      <th>data2</th>
      </tr>

      <td>whitefly</td>
      <td>24</td>
      <td>76</td>
      </tr>
      </tbody>
   </table>
```

上面的HTML片段显示了两行表格，其中一行是表头，一行是包含了两个值的数据。Python有个名为Beautiful Soup的优秀的，用于从HTML和XML文档中提取数据。这里，我们将一些测试数据读进一个数组，并转换其格式使其适合作为机器学习算法的输入，例如线性分类器：

```
import urllib
from bs4 import BeautifulSoup
import numpy as np

url = urllib.request.urlopen
("http://interthing.org/dmls/species.html");
html = url.read()
soup = BeautifulSoup(html, "lxml")
```

```
table = soup.find("table")

headings = [th.get_text() for th in table.find("tr").find_all("th")]

datasets = []
for row in table.find_all("tr")[1:]:
    dataset = list(zip(headings, (td.get_text() for td in row.find_
all("td"))))
    datasets.append(dataset)

nd=np.array(datasets)
features=nd[:,1:,1].astype('float')
targets=(nd[:,0,1:]).astype('str')
print(features)
print(targets)
```

正如我们所见，上面的代码比较直观。需要注意的是，我们依赖于所读取的网页保持不变，至少在整体结构上是不变的。以此方式从网站收集数据的主要困难之一就在于，网站的所有者决定改变网页的布局，而这很可能会破坏我们的代码。

我们可能遇到的另一种数据格式是 JSON 格式。JSON 最初用于序列化 JavaScript 对象，但它本身并不依赖于 JavaScript。JSON 仅仅是一种编码格式。JSON 十分有用，因为其能够表示分层和多元数据结构。JSON 基本上是键值对的集合：

```
{"Languages":[{"Language":"Python","Version":"0"},{"Language":
"PHP","Version":"5"}],
"OS":{"Microsoft":"Windows 10", "Linux":"Ubuntu 14"},
"Name":"John\"the fictional\" Doe",
"location":{"Street":"Some Street", "Suburb":"Some Suburb"},
"Languages":[{"Language":"Python","Version":"0"},{"Language":"PHP"
,"Version":"5"}]
}
```

我们将上面的 JSON 保存为名为 jsondata.json 的文件：

```
import json
from pprint import pprint

with open('jsondata.json') as file:
```

```
    data = json.load(file)

pprint(data)
```

3.2.6 来自自然语言的数据

自然语言处理是机器学习中比较困难的课题之一，因为其关注的是目前机器所不擅长的事物：理解复杂现象中的结构。

作为起点，我们可以对问题空间做一些陈述。在任何语言中，词语总量都要比在特定会话中所使用的词语子集大得多。因此，我们的数据与其所在的空间相比是稀疏的。此外，词语倾向于出现在预定义的序列中。有些词语往往会一起出现。语句具有特定的结构。诸如工作、家庭，或外出社交等不同的社交场合，又或者是像与监管部门、政府等进行沟通的正式场合，都需要使用具有重叠的词语子集。当试图从自然语言中抽取其含义时，社交场合大概是最为重要的因素，因为部分是从肢体语言、语调、眼神交流等获得线索的。

在 Python 中处理自然语言，我们可以使用自然语言工具包（Natural Language Tool Kit，NLTK）。如果还没有安装，则可以运行命令 pip install –U nltk 进行安装。

NLTK 还提供了大量词典资源库。这些库需要单独下载，NLTK 对此提供了下载管理器，可以通过如下代码访问：

```
import nltk
nltk.download()
```

运行上面的代码会打开一个窗口，我们可以从中浏览不同文件。这包含一系列书籍和其他编写的材料，以及各种词语模型。我们可以只下载 Book 包作为开始。

文集是由大量独立文本文件组成的文本汇总。NLTK 附带了不同来源的各种文集（corpora），例如古典文学（古滕堡文集），网络和聊天文本，路透社新闻，以及包括不同体裁分类的文集，如新闻、社论、宗教、小说等。我们还可以使用如下代码加载任何文本文件集合：

```
from nltk.corpus import PlaintextCorpusReader
corpusRoot= 'path/to/corpus'
yourCorpus=PlaintextCorpusReader(corpusRoot, '.*')
```

PlaintextCorpusReader方法的第二个参数是正则表达式，用来表示要包括的文件。在上述代码中，指示要包括目录中的所有文件。该参数还可以是文件位置的列表，例如['file1', 'dir2/file2']。

我们来看一个已有的文集，作为示范，我们将要加载Brown文集：

```
from nltk.corpus import brown
cat=brown.categories()
print(cat)

['adventure', 'belles_lettres', 'editorial', 'fiction', 'government',
'hobbies', 'humor', 'learned', 'lore', 'mystery', 'news', 'religion',
'reviews', 'romance', 'science_fiction']
```

Brown文集很有用，因为我们可以用它来研究不同体裁之间的系统性差异，例如：

```
from nltk.corpus import brown
cats=brown.categories()
for cat in cats:
    text=brown.words(categories=cat)
    fdist = nltk.FreqDist(w.lower() for w in text)
    posmod = ['love', 'happy', 'good', 'clean']
    negmod = ['hate', 'sad', 'bad', 'dirty']
    pcount=[]
    ncount=[]
    for m in posmod:
        pcount.append(fdist[m])
    for m in negmod:
        ncount.append(fdist[m])

    print(cat + ' positive: ' + str(sum(pcount)))
    print(cat + ' negative: ' + str(sum(ncount)))
    rat=sum(pcount)/sum(ncount)
    print('ratio= %s'%rat )
    print()
```

上例中，我们通过比较四个正面情绪词语及其反义词所出现的次数，获得了一系列从不同体裁中抽取的情绪数据。

3.2.7 来自图像的数据

图像是一种丰富并易于获取的数据源，对于诸如对象识别、分组、对象分级，以及图像增强等学习应用都非常有用。当然，图像可以基于时间序列放在一起。动态图像对于展现和分析都十分有用，例如，我们可以使用视频来进行轨迹研究、环境监控和动态行为学习。

图像数据结构化为网格或矩阵，并为每个像素分配颜色值。我们可以使用 Python 图像库（PIL）来获得体验。对于此例，我们需要运行如下代码：

```
from PIL import Image
from matplotlib import pyplot as plt
import numpy as np
image= np.array(Image.open('data/sampleImage.jpg'))
plt.imshow(image, interpolation='nearest')
plt.show()
print(image.shape)

Out[10]: (536, 800, 3)
```

我们可以看到该图像的宽为 536 像素，高为 800 像素。每个像素有三个值，表示 0 到 255 之间的颜色值，分别为红色、绿色和蓝色。注意，坐标系的原点 (0, 0) 在左上角。当我们将图像作为 NumPy 数组时，就可以开始以一些有趣的方式对其进行工作了，例如分片：

```
im2=image[0:100,0:100,2]
```

3.2.8 来自应用编程接口的数据

很多社交网络平台都提供了应用编程接口（API），可以让程序员访问不同功能。这些接口可以产生大量的数据流。这些 API 中，很多都具有支持 Python 3 和其他一些操作系统的变体，所以要准备好调查系统兼容性。

获取对平台 API 的访问，通常需要向平台提供商注册应用，然后使用平台提供的安全凭证，例如公钥和私钥，对我们的应用进行认证。

我们来看看 Twitter 的 API，其相对容易访问，并且对 Python 有良好的支持。我们需要加载 Twitter 库以便开始。如果还没有安装，则只需要从 Python 命令提示符处运行 pip install twitter 命令。

我们需要一个 Twitter 账户。登录并访问 apps.twitter.com。单击"Create New App"按钮，并在"Create An Application"页面填写详细信息。当我们提交后，可以在应用管理页面中单击我们的应用，然后单击"Keys and Access Tokens"页签，就可以访问安全凭证信息了。

在安全凭证信息中，我们需要关注四个条目，即 API Key、API Secret、Access Token 和 Access Token Secret。现在来创建我们的 Twitter 对象：

```
from twitter import Twitter, OAuth
#create our twitter object
t = Twitter(auth=OAuth(accesToken, secretToken, apiKey, apiSecret))

#get our home time line
home=t.statuses.home_timeline()

#get a public timeline
anyone= t.statuses.user_timeline(screen_name="abc730")

#search for a hash tag
pycon=t.search.tweets(q="#pycon")

#The screen name of the user who wrote the first 'tweet'
user=anyone[0]['user']['screen_name']

#time tweet was created
```

```
created=anyone[0]['created_at']

#the text of the tweet
text= anyone[0]['text']
```

当然，我们需要填入之前从 Twitter 获得的授权凭证。记得在可公开访问的应用中，绝不能有这些凭证的可读格式，更不能有凭证文件本身，最好是在公共目录之外进行加密。

3.3 信号

在基础科学研究中经常会遇到的一种数据形式是各种二进制流。对于视频和音频的传输和存储都有特定的编解码器，通常，我们正寻求更高层次的工具用于处理每种特定格式。我们也许要考虑各种信号源，例如射电望远镜、相机上的传感器，或是麦克风的电脉冲等。所有信号都有着相同的基于波动力学和谐波运动的基本原理。

一般使用时频分析来研究信号。其中心概念是，在时间和空间上的连续信号可以被分解为频率分量。我们使用傅里叶变换（Fourier Transform）在时域和频域之间进行变换。这利用了一个有趣的事实，即对任何给定函数，包括非周期性函数，都可以被表示为正弦和余弦函数的级数。如下所示：

$$F(x) = \frac{a_0}{2} + \sum_{n=1}^{m} (a_n \cos nx + b_n \sin nx)$$

为了使其有用，我们需求得到 a_n 和 b_n 的值。我们在等式两边同时乘以 mx 的余弦，并进行积分。这里的 m 是一个整数。

$$\int_{-\pi}^{\pi} f(x) \cos mx \, dx = \frac{a_0}{2}\int_{-\pi}^{\pi} \cos mx \, dx + \sum a_n \int_{-\pi}^{\pi} \cos nx \cos mx \, dx + b_n \int_{-\pi}^{\pi} \sin nx \cos mx \, dx$$

它叫作正交函数（orthogonal function），与向量空间内正交的 x、y、z，在概念上是类似的。现在，如果还记得所有三角函数的知识，我们就会知道，三角函数系内任意两个不同函数的乘积在 $-\pi$ 到 π 区间的积分为 0。如果我们展开计算上式，对于等式右边的中间项，当 n 不等于 m 时为 0，n 等于 m 时为 π。基于此，可以得出：

$$a_n = \frac{1}{\Pi}\int_{-\Pi}^{\Pi} f(x)\cos nx\, dx$$

因此，在第一步中，如果我们在等式两边乘以 sinmx 而非 cosmx，则可以导出 b_n：

$$b_n = \frac{1}{\Pi}\int_{-\Pi}^{\Pi} f(x)\sin nx\, dx$$

我们将信号分解成了正弦值和余弦值的级数。这可以让我们分离信号的频率分量。

来自声音的数据

最为常见和易于研究的信号之一是音频。我们将使用 soundfile 模块，可以通过 pip 进行安装。soundfile 模块的 wavfile.read 类以 NumPy 数组形式返回 .wav 文件数据。为尝试以下代码，我们需要文件名为 audioSamp.wav 的 16 位音频文件，可以从 http://davejulian.net/mlbook/data 下载，将其保存于工作目录下的数据目录中：

```
import soundfile as sf
import matplotlib.pyplot as plt
import numpy as np

sig, samplerate = sf.read('data/audioSamp.wav')
sig.shape
```

我们可以看到音频文件表示为一些抽样，每个抽样有两个值。这个函数实际上是描述 .wav 文件的向量，因此我们当然可以对其进行分片：

```
slice=sig[0:500,:]
```

这里，我们通过分片得到了前 500 个抽样。我们来对此分片进行傅里叶变换，并绘制其图形：

```
ft=np.abs(np.fft.fft(slice))
Finally lets plot the result
plt.plot(ft)
plt.plot(slice)
```

上述代码的输出如下：

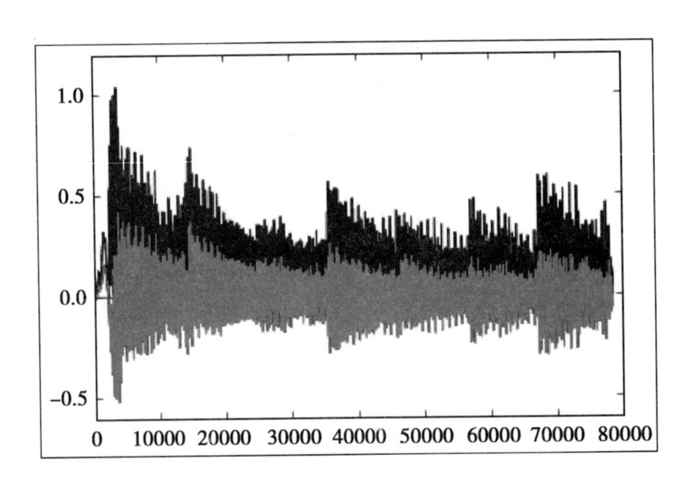

3.4 数据清洗

为了理解对于特定的数据集可能需要什么样的清洗操作，我们需要考虑数据是如何被收集的。处理缺失数据是主要清洗操作之一。我们在上一章已经遇到过这样的例子了，在此例中，我们要检查温度数据。例子中的数据有质量参数，所以我们可以简单地排除不完整的数据。然而，对于许多应用来说，这并不是最好的方案。我们有可能需要填充那些缺失的数据。我们如何决定使用什么数据进行填充呢？在温度数据的例子中，我们可以使用每年那个时期的平均值来填充缺失数据。注意，我们是以一些领域知识作为先决条件的，例如，数据或多或少是周期性的；数据周期和季节周期相符。所以，这是一种合理的假设，我们可以采用具有可靠记录的、每年特定日期的平均值。然而，考虑到我们是在试图发现由气候变化而引起温度上升的信号，在这种情况下，采用每年的平均值可能会扰乱数据，并且可能会隐藏能够指示气候变暖的信号。无论如何，这种清洗操作需要额外的知识，并且对于我们实际想从数据中所要学习的内容而言，需要具体情况具体分析。

另一种考虑是，缺失的数据可能是以下三种类型之一：

- empty
- zero

❑ null

不同编程环境对待这些类型可能会有些许不同。三种类型中间，只有 zero 是可度量的量。我们知道 0 可以置于数列 1、2、3 等之前，而且我们可以比较 0 和其他数值。因此，zero 通常编码为数值型数据。empty 不一定是数值，并且尽管是空，但可能还会传递信息。例如，如果在表格中有中间名字段，则该字段为 empty 时，明确地表示了一种特定情况，也就是指没有中间名。再次提示，这依赖于具体领域。在我们的温度数据中，empty 字段表示数据缺失，而并不是指特定日期没有最高温度。另一方面，null 值在计算中的含义与其日常用法稍有不同。对于计算机学家而言，null 与没有值或 0 都不同。null 值不能与其他任何值进行比较；null 值表示字段有合法原因可不含有条目。null 与空值不同。在我们的中间名例子中，null 值表示不确定是否存在中间名。

另一种常见的数据清洗任务是将数据转换为特定格式。对于我们的目标而言，我们最终关心的数据格式是诸如 NumPy 数组等 Python 数据结构。我们已经看过如何从 JSON 和 HTML 格式转换数据了，这一过程相当直接。

我们可能会遇到的另一种格式是 Acrobats 的可移植文档格式（PDF）。从 PDF 文件导入数据相当困难，因为 PDF 文件建立在页面布局元素的基础之上，与 HTML 或 JSON 不同，其不具备有含义的标记标签。有许多非 Python 工具可以将 PDF 转换为文本，例如 pdftotext。这是一个命令行工具，很多 Linux 的发布版本都包括了这一命令，而且也支持 Windows。我们将 PDF 文件转换为文本后，还需要抽取数据，而文档中所嵌入的数据决定了我们如何进行抽取。如果数据与文档的其余部分是分离的，例如表格，那么我们可以使用 Python 的文本分析工具来进行抽取。另外，我们还可以使用处理 PDF 文档的 Python 库，例如 pdfminer3k。

还有一种常见的清洗任务是数据类型转换。在类型之间进行转换时总是会有丢失数据的风险。当目标类型所能存储的数据少于源类型时，就会发生这种情况，例如，由 float 32 转换为 float 16。当文件具有隐含的类型结构时，例如电子表格，我们需要在文件级别上转换数据。这通常是在创建文件的应用中完成的。例如，Excel 电子表格可以保存为逗号分隔的文本文件，然后就可以导入到 Python 应用中。

3.5 数据可视化

我们有很多理由对数据进行可视化展现。在数据探索阶段，我们能够获得对数据属性的直观理解。可视化展现服务于凸显数据中的模式，并对建模策略给出建议。我们通常会快速创建大量的探索图。我们并不太关心审美和风格问题，而只是想看看数据的样子。

除了用于探索数据，图形还是沟通数据信息的主要手段。可视化展现有助于澄清数据属性，并能够鼓励观者参与。人类的视觉系统是通往大脑的最高带宽通道，而可视化是展现大量信息的最为有效的方式。通过创建可视化图形，我们能够立刻获得对重要参数的感知，例如数据中可能呈现出来的最大值、最小值和趋势。当然，这些信息也能够通过统计分析获得，然而，分析可能无法揭示可视化能够呈现的数据中的具体模式。此时，人类的视觉模式识别系统明显优于机器。除非我们拥有对所探索事物的线索，否则算法可能无法解析出人类视觉系统所能识别出的重要模式。

数据可视化的中心问题是将数据元素映射为视觉元素。要完成这一映射，我们首先要对数据类型进行分类，分为名义的、有序的，或是定量的，然后再决定对每种数据类型采用什么视觉元素来表示最为有效。名义或分类数据是指诸如物种、男性或女性等名字。名义数据不具有特定顺序或数值。有序数据具有内在的顺序，例如街道的门牌号码，但是与定量数据不同，其并不表示数学上的区间值。例如，对门牌号码进行乘法或除法运算没有任何意义。定量数据具有例如大小或多少等数值。显然，某些视觉元素并不适于表示名义数据，例如大小或位置，这些属性往往含有顺序或数量信息。

有时，特定数据集的每种数据类型并不是显而易见的。对此可以采用的一种方法是，发现适用于每种数据类型的运算。例如，当我们在比较名义数据时，可以使用等于运算，例如，物种 Whitefly 不等于物种 Thrip。但是我们不能使用大于或小于等运算，就名义的意义而言，说一个物种大于另一个物种，这种说法毫无意义。对于有序数据，我们可以应用大于或小于等运算。有序数据隐含着顺序，我们能够在数轴上映射这一顺序。对于定量数据，其存在于一个区间，例如日期范围，我们可以应用诸如减法等运算。例如，我们不但可以说某一日期发生在另一日期之后，还可以计算两个日期之间的差。对于具有固定数轴的定量数据，其不同于区间值，而是一些固定数量的比率，我们可以对其使用诸如除法等运算。我们可以说某一对象比另一对象重两倍或是长两倍。

一旦我们明确了数据类型，就可以开始将其映射为视觉元素。这里，我们将考虑 6 种视觉元素，即位置、大小、纹理、颜色、方向和形状。其中，只有位置和大小可以准确地表示所有类型的数据。纹理、颜色、方向和形状则只能准确地表示名义数据。我们无法说这个形状或颜色大于那个。然而，我们可以为特定颜色或纹理指定一个名字。

还需要考虑的是这些视觉元素的感知特性。心理学和心理物理学的研究，根据这些视觉元素被感知的准确程度，对其进行了排序。位置是最准确的，随后分别是长度、角度、坡度、面积、体积，最后是颜色和密度，它们被感知的准确程度最低。因此，将位置和长度分配给最重要的定量数据是有意义的。最后，还应该注意到，在一定程度上，我们可以用颜色值（由暗到亮）对有序数据进行编码，或者用颜色梯度对连续数据进行编码。通常，我们不能用颜色色调对数据编码。例如，没有理由认为蓝色要比红色大，除非我们指的是颜色的频率。

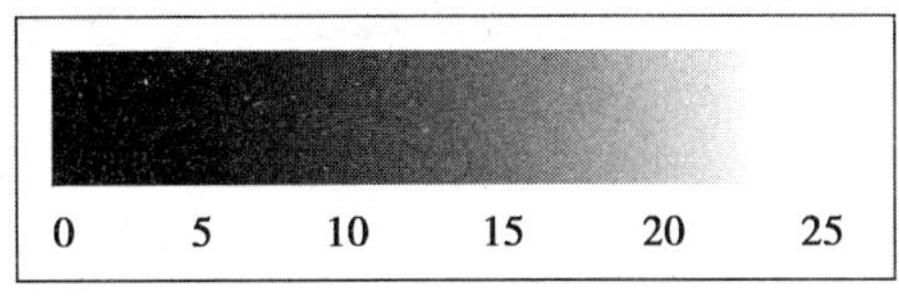

表示有序数据的颜色梯度

接下来要考虑的是，我们需要显示的维度数量。对于单变量数据，也就是说只需要显示一个变量，我们有很多选择，例如点、线或方块图等。对于双变量数据，我们需要显示二维图，其中就为常见的是散点图。对于三变量数据，可能要使用三维图，这时需要绘制几何函数，例如流型。然而，对于许多数据类型而言，三维图会有些缺陷。在三维图中计算相对距离可能是个问题。例如，在下图中，很难测量每个元素的确切位置。然而，如果我们将 z 维编码为大小，则相关值会变得更为明显：

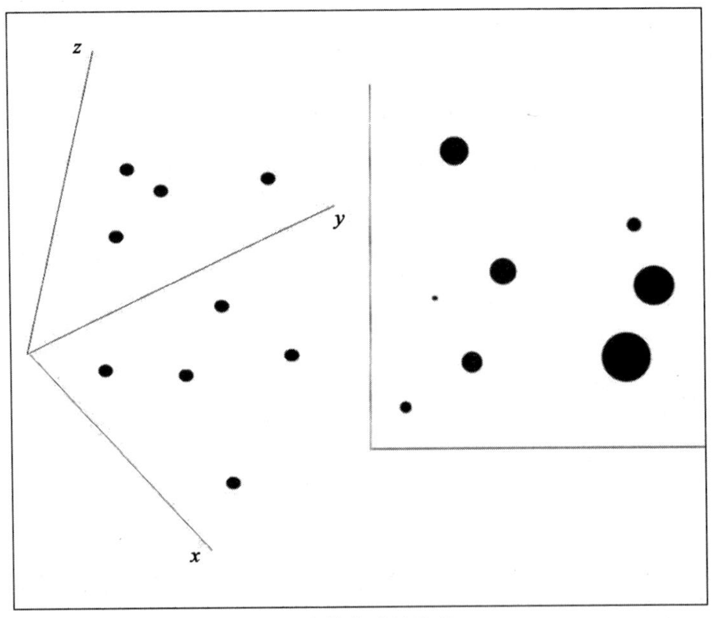

对三个维度进行编码

将数据编码为视觉元素有很大的设计空间。其中的挑战是，针对特定数据集和目标，找出最优的映射。其起点应该是，用最为准确的感知方式，对最重要的信息进行编码。有效的视觉编码能够描述所有数据，并且不会暗示数据中不存在的事物。例如，长度暗示了定量数据，所以将非定量数据编码为长度是不正确的。另外还要考虑一致性。我们应该对每种数据类型选择最有意义的视觉元素，并且使用一致的和定义良好的视觉样式。

3.6 总结

我们已经了解了大量的数据源、格式和结构。我们希望对如何开始解决这些问题获得一些认知。特别需要指出的是，对于任何机器学习项目，在基础层面上研究和处理这些数据，占用较多的项目开发时间。

在下一章中，我们将会通过探索最常见的机器学习模型，来了解如何应用数据。

CHAPTER 4

第4章

模型——从信息中学习

本书到目前为止，我们审视了一系列任务和技术。我们介绍了基本的数据类型、结构和属性，并且熟悉了一些可用的机器学习工具。

本章，我们将研究三大类模型：

- 逻辑模型
- 树状模型
- 规则模型

下一章将深入另一类重要模型——线性模型。本章的大多数内容是理论性的，其目的是介绍一些机器学习任务所需要的数学和逻辑工具。我们鼓励去理解并掌握这些思想，以便有助于解决我们会遇到的问题。

4.1 逻辑模型

逻辑模型将实例空间，即所有可能或允许的实例集合，划分为分段。其目的是确保每一分段的数据对于特定任务是同质的。例如，如果是分类任务，则我们的目标是，确保每个分段包含同一类型的大多数实例。

逻辑模型使用逻辑表达式来解释特定概念。最简单和最普遍的逻辑表达式是文字，其中最常见的是等式。等式表达式可以用于所有类型——具名的、数值的和有序的。对于数值和有序类型，我们可以包括不等式文字：大于或小于。由此，我们可以使用四种逻辑连词构造更为复杂的表达式。这四个连词是：合取（逻辑与），记为$\wedge$；析取（逻辑或），记为$\vee$；蕴含，记为$\rightarrow$；以及否定，记为$\neg$。这为我们提供了一种方式来表示如下等价关系：

$$\neg\neg A \equiv A = A \rightarrow B \equiv \neg A \vee B$$
$$\neg(A \wedge B) \equiv \neg A \vee \neg B = \neg(A \vee B) \equiv \neg A \wedge \neg B$$

我们可以在一个简单的例子里来应用这一思想。假设我们遇到一片小树林，其中的树木看上去都属于同一物种。我们的目标是为分类任务识别出这一树木物种的明确特征。为简单起见，假设我们只处理以下四个特征：

- 尺寸（Size）：有三个值——小、中、大（small、medium、large）
- 叶形（Leaf type）：有两个值——鳞形、非鳞形（scaled、non-scaled）
- 结果（Fruit）：有两个值——是、否（yes、no）
- 板根（Buttress）：有两个值——是、否（yes、no）

我们识别的第一棵树可以用如下合取式描述：

$$Size = Large \wedge Leaf = Scaled \wedge Fruit = No \wedge Buttress = Yes$$

我们遇到的下一棵树是中等尺寸的。如果我们去掉尺寸这一条件，则语句会变得更具一般性，也就是说会覆盖更多样本：

$$Leaf = Scaled \wedge Fruit = No \wedge Buttress = Yes$$

再下一棵树也是中等尺寸的，但是没有板根，所以我们去掉板根这一条件，泛化为：

$$Leaf = Scaled \wedge Fruit = No$$

小树林里的树木都满足这一合取式，我们推断这些都是针叶树。显然，在实现世界的例子里，我们会采用更大范围的特征和取值，并且使用更为复杂的逻辑结构。然而，即使是在这个简单的例子中，实例空间（instance space）是3 2 2 2，也构成了24种可能实例。如果我们将特征不存在也作为特征的一个取值，那么假设空间（hypothesis space），也就是我们可以用来描述集合的空间，则有 4×3×3×3 = 108 种可能实例。可能的实例集合的数量，或者说其外延，为 2^{24}。例如，如果我们从中随机选择一个集合，则能找出准确描述该集合的合取概念的概率远超出 100 000 比 1。

4.1.1 一般性排序

我们可以开始绘制假设空间，从最一般的语句到最特殊的语句。例如，针叶树例子的假设空间绘制如下：

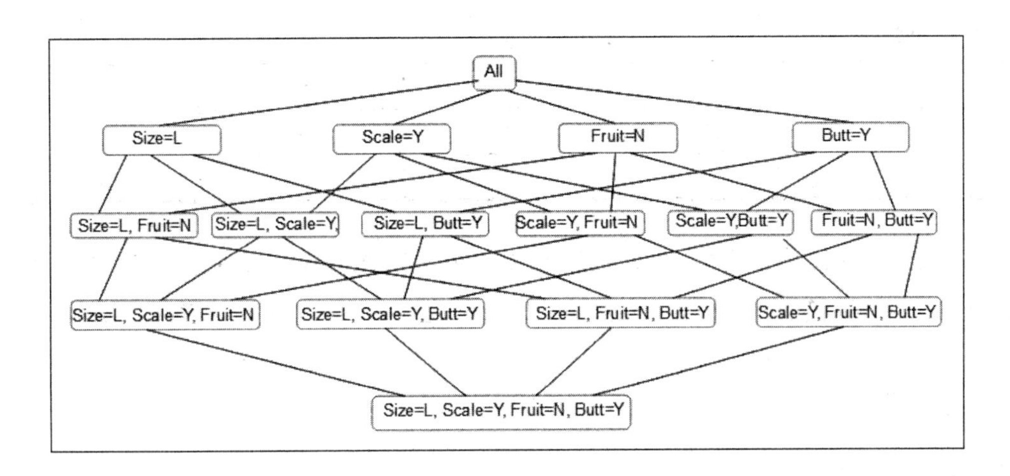

这里，我们基于一般性，对假设进行排序。在顶端是最大一般性假设——所有树都是针叶树。更为一般性的假设会覆盖更多数量的实例，因此最大一般性假设，也就是说所有树都是针叶树，适用于所有实例。现在，虽然这一假设对于我们所处的小树林适用，但是当我们试图对新数据，也就是说对小树林外边的树木，应用这一假设时，则会失败。在上图的底部是最小一般性假设。通过更仔细的观察，沿着图中的节点自下向上移动，我们可以消除部分假设，并且建立起下一级完全的最大一般性假设。我们从数据中所能作出的最保守的泛化被称为这些实例的最小一般泛化（Least General Generalization，LGG）。我们可以将其理解为，在假设空间里，由每个实例向上的路径的交汇点。

让我们来在表格中描述我们的观察：

Size	Scaled	Fruit	Buttress	Label
L	Y	N	Y	p1
M	Y	N	Y	p2
M	Y	N	N	p3
M	Y	N	Y	p4

当然，我们或早或晚都会走出小树林，并且会观察到负样本——明显不是针叶树的树木。我们将其特征记录如下：

Size	Scaled	Fruit	Buttress	Label
S	N	N	N	n1
M	N	N	N	n2
S	N	Y	N	n3
M	Y	N	N	n4

因此，加上这些负样本，我们还是可以看到，完全的最小一般性假设仍然是 $Scale = Y \land Fruit = N$。然而，我们会注意到这一假设覆盖了一个负样本 *n4*。因此该假设不是一致的。

4.1.2 解释空间

这个简单例子会使我们做出只存在一个 LGG 的结论。但是这不一定成立。我们可以通过增加一种析取的限制形式，称之为内部析取（internal disjunction)，来扩展我们的假设空间。在之前的例子中，我们有三个针叶树的正样本，其尺寸有中型也有大型。我们可以增加一个条件为 $Size = Medium \lor Size = Large$，可以写成 $size[m, l]$。进行内部析取的特征必须有两个以上的取值，因为像 $Leaves = Scaled \lor Leaves = Non\text{-}Scaled$ 这样的表达式其结果总是 true。

在之前的针叶林例子中，为适应第二个和第三个观察样本，我们去掉了关于尺寸的条件。由此得到如下 LGG：

$$Leaf = Scaled \wedge Leaf = = No$$

加上我们的内部析取，可以将之前的 LGG 改写为：

$$Size[m, l] \wedge Leaf = Scaled \wedge Fruit = No$$

现在，考虑到第一个非针叶树，或者说是针叶树的负样本：

$$Size = Small \wedge Leaf = Non - scaled \wedge Fruit = No$$

我们可以去掉有内部析取的 LGG 中的任意一个条件，都不会覆盖这个负样本。然而，当我们试图进一步泛化为单一条件时，*Size*[*m*, *l*] 和 *Leaf* = *Scaled* 都可以，但是 *Fruit* = *No* 不行，因为其覆盖了负样本。

现在，我们关心的是假设空间的完全和一致，也就是说，覆盖所有正样本并且没有负样本。我们来重新制图，只考虑四个正样本（$p1 - p4$）和一个负样本（$n1$）。

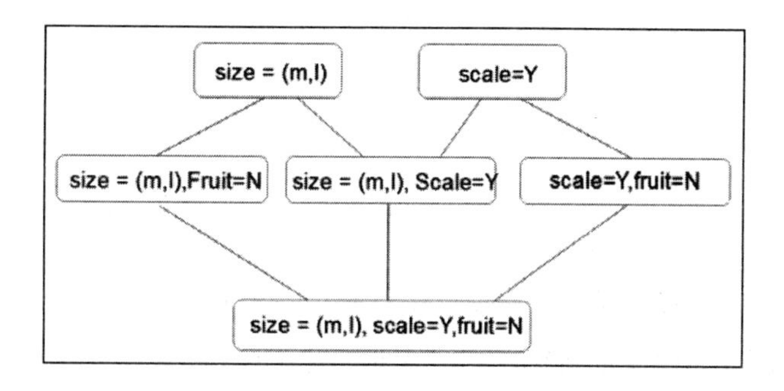

这有时被称为解释空间。如上图所示，我们有一个最小一般性假设，三个中间假设，以及现在的两个最大一般性假设。这一解释空间形成了一个凸集合。这意味着我们可以在集合成员之间进行插值。如果一个元素位于集合的最大一般性和最小一般性成员之间，那么该元素也属于此集合。因此，我们完全可以通过其最大和最小一般性成员来描述解释空间。

有种情况是最小一般泛化覆盖了一个或多个负实例。在这种情况下，我们可以认为数据不是合取可分离（conjunctively separable）的，同时解释空间为空。我们可以通过不同方法来寻找一致的最大一般性假设。而这里我们关心的是一致性，而非完全性。其本质是在假设空间里由最大一般性假设开始进行路径遍历。比如，我们可以采取向下遍历的方法，增加合取项或者减少内部析取的值。在每一步中，我们都需要最小化所得假设的特殊性。

4.1.3 覆盖空间

当数据不是合取可分离的时候，我们需要一种方式在一致性和完全性之间进行优化。对正和负实例的覆盖空间（coverage space）进行映射是一种有用的方法，如下图所示：

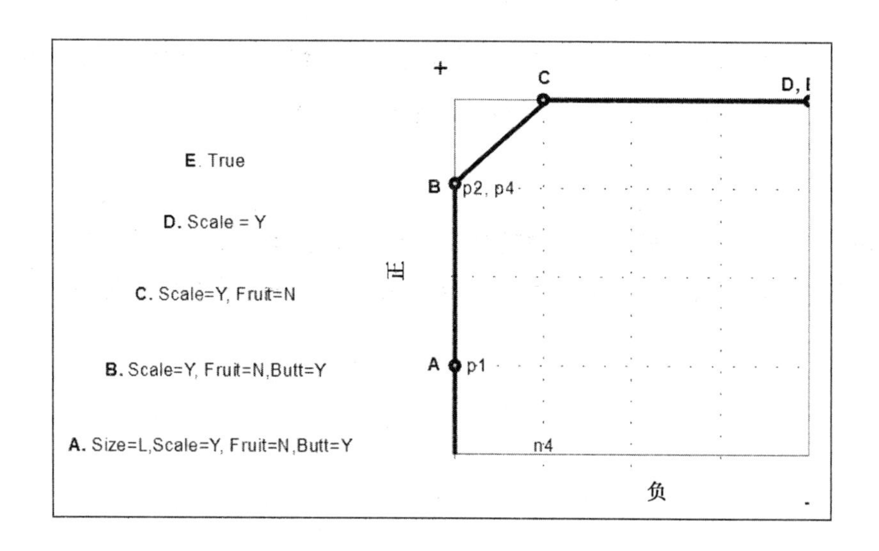

我们可以看到，学习假设就是在以一般性排序的假设空间中发现路径。逻辑模型就是在格结构的假设空间内发现路径。在此空间的每个假设都覆盖了一个实例集合。每个集合对于一般性排序都有上限和下限。到目前为止，我们只用了文字的合取。我们拥有的丰富的逻辑语言，为什么不在表达式中包含各种逻辑连词呢？我们希望让表达式保持简单主要有两个原因：

- 更多的表达语句会导致特殊化，这会导致模型对训练数据过度拟合，对测试数据表现不佳。
- 在计算上，复杂描述比简单描述更为昂贵。

正如我们所见，当对合取假设进行学习时，存在未覆盖的正样本允许我们从合取中去除文字项，使其更具一般性。另一方面，对负样本的覆盖需要我们通过增加文字项，以提高特殊性。

除了以单个文字项的合取式来描述每个假设，我们还能够以子句的析取式来进行描述，其中每个子句的形式为 $A \rightarrow B$。这里，A 是文字项的合取式，B 是单一文字项。我们来考虑如下覆盖了一个负样本的语句：

$$Butt = Y \wedge Scaled = N \wedge Size = S \wedge \neg Fruit = N$$

为了排除其中的负样本，我们可以写为如下子句：

$$Butt = Y \wedge Scaled = N \wedge Size = S \rightarrow Fruit = N$$

当然，还有其他排除了负样本的子句，例如 $Butt = Y \rightarrow Fruit = N$；然而，我们关心的是最特殊化的子句，因为其不太可能同时排除正样本。

4.1.4 PAC 学习和计算复杂性

当我们增加了逻辑语言的复杂性后，会带来计算上的成本，因此，我们需要一种用来度量语言可学习性的标准。为了这些目的，我们可以利用可能近似正确（Probably Approximately Correct，PAC）学习的思想。

当我们从假设集合中选取一个假设时，其目标是确保我们的选择在很大概率上具有很小的泛化误差。这样能够在测试集上实现高度精确性。这就引入了计算复杂性（computational complexity）的思想。这是一种形式化方法，用于度量指定算法关于其输出精度的计算成本。

PAC 学习对于在非典型样本上的错误给予了补偿，而这种典型性取决于不确定的概率分布 D。我们可以评估在此分布下假设的误差率。例如，假设数据是无噪声的，并且学习器在训练样本内总是输出完全和一致的假设。我们选择任意误差率 $\in < 0.5$ 和失败率 $\delta = 0.5$。我们要求学习算法输出一个假设，其误差率将小于 $\in$ 的概率 $\geqslant 1 - \delta$。对于任意合理大小的训练集，这被证明是成立的。例如，如果假设空间 H 包含一个失败的假设，那么这个假设对于 n 个独立训练样本是完全和一致的，其概率小于或等于 $(1 - \in)^n$。对

于任意 $0 \leqslant \in \leqslant 1$，这一概率小于 $e-n\in$。我们需要保持这一概率低于失败率 δ，这可以通过设置 $n \geqslant 1/\in \ln 1/\delta$ 来实现。现在，如果 H 包含有 k 个失败假设，$k \leqslant |H|$，则其中至少有一个假设对于 n 个独立样本是完全和一致的，其概率最大为：

$$k(1-\in)n \leqslant |H|\ (1-\in)n \leqslant |H|\ e-n\in$$

如果下面的条件成立，则这一最大概率将小于 f：

$$n \leqslant \frac{1}{\in}\left(\ln H + \ln \frac{1}{\delta}\right)$$

这被称为样本复杂性（sample complexity），其对于 $1/\delta$ 是对数的，对于 $1/\in$ 是线性的。

这意味着，与减少误差率相比，减少失败率的计算成本呈指数下降。

本节的最后，我们提出进一步的观点。假设空间 H 是 U 的一个子集，U 是对任意指定现象的全部解释。我们如何才能知道正确的假设实际上是存在于 H 而不是 U 的其他部分呢？贝叶斯定理表明了 H 和 $\neg H$ 的相对概率及其相对先验概率之间的关系。然而，我们实际上无法知道 $P\neg H$ 的值，因为无法对尚未得出的假设进行概率计算。此外，这一假设的内容是由所有当前未知的可能对象组成。在使用比较假设检验的任何描述中，即根据 H 内的其他假设对当前假设进行评估，都会出现这一悖论。另一种思路将是找到评估 H 的方法。我们可以看到，如果扩展 H，则假设的可计算性会变得更为困难。为了评估 H，我们需要限制 U 为所有已知的全部解释。对于人类而言，这是已经烙印在大脑和神经系统的一生的经验；对于机器而言，这是存储库和算法。评估这一全局假设空间的能力，是人工智能的关键挑战之一。

4.2 树状模型

树状模型在机器学习中无所不在，天生适用于分而治之的迭代算法。决策树模型的主要优势之一就是天生易于可视化和概念化。其允许被探测而不仅仅是给出答案。例如，在对分类进行预测时，我们可以揭示得出特定结果的逻辑步骤。树状模型与其他模型相比，通常需要更少的数据准备，并且能够处理数值数据和分类数据。其不利的一面是，树状模型可以创建过于复杂的模型，从而难以作用于新数据。树状模型的另一潜在问题是，对输入数据中的变化会变得极为敏感，之后我们会看到，将其用于集成学习器可以减轻这一问题。

决策树与前一节所述的假设映射之间的重要区别在于，树状模型对于取值大于二的特征，没有使用内部析取式，而是对每个值采用了分支。在下图中，我们可以看到特征尺寸（Size）即是如此。

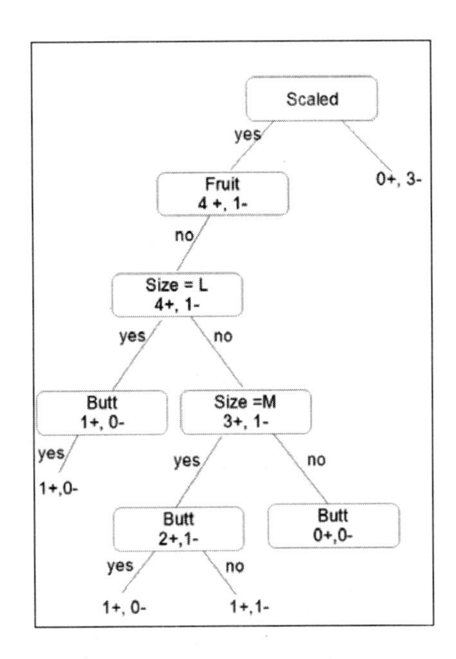

另一点需要注意的是，决策树比合取假设更具表现力，如我们所见，决策树能够分离合取假设所覆盖的负样本数据。当然，这种表现力是有代价的：其有对训练数据过度拟合的倾向。为了强行泛化和减少过度拟合，可以引入倾向于简单假设的归纳偏置。

我们可以使用 Sklearn 的 DecisionTreeClassifier 相当轻松地实现一个小例子，并绘制其生成树：

```
from sklearn import tree

names=['size','scale','fruit','butt']
```

```
labels=[1,1,1,1,1,0,0,0]

p1=[2,1,0,1]
p2=[1,1,0,1]
p3=[1,1,0,0]
p4=[1,1,0,0]
n1=[0,0,0,0]
n2=[1,0,0,0]
n3=[0,0,1,0]
n4=[1,1,0,0]
data=[p1,p2,p3,p4,n1,n2,n3,n4]

def pred(test, data=data):
    dtre=tree.DecisionTreeClassifier()
    dtre=dtre.fit(data,labels)
    print(dtre.predict([test]))
    with open('data/treeDemo.dot', 'w') as f:
        f=tree.export_graphviz(dtre,out_file=f,
                               feature_names=names)
pred([1,1,0,1])
```

运行上述代码会创建名为 treeDemo.dot 的文件。在 .dot 文件中保存了决策树分类器，可以使用 Graphiz 图形可视化软件将其转换为图形文件，例如 .png、.jpeg 或 .gif 等。

在图中能够清晰地显示出决策树是如何分裂的。

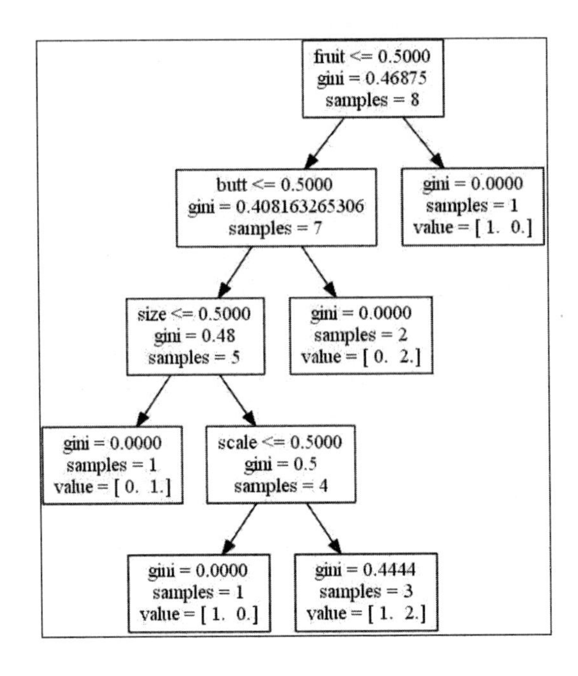

从整棵树中可以看到我们在每个节点上的递归分裂，每次分裂都增加了相同类型样本的比例。我们不断向下遍历节点，直到到达具有同类实例集合的叶子节点。其中纯度的概念十分重要，因为其决定了每个节点如何分裂，在上图中的基尼值（Gini）即表示了数据的不纯度。

纯度

我们如何理解每一特征对于分类的作用，如何对样本进行类型分裂，使其结果类型中不包含或极少包含其他类型的样本？哪一个特征集合能够用来对一个类型进行标记？为了回答这些问题，我们需要理解分裂纯度的思想。例如，假设我们有一个布尔型实例集合 D，被分裂为 $D1$ 和 $D2$。如果我们进一步限制为两种类型，即 D^{pos} 和 D^{neg}，则最优的情形是，D 被完美地分裂为正样本集合和负样本集合。对此有两种可能性：$D1^{pos} = D^{pos}$ 并且 $D1^{neg} = \{\}$，或者是 $D1^{neg} = D^{neg}$ 并且 $D1^{pos} = \{\}$。

如果上述结论成立，则分裂的子节点是纯的。我们可以通过 n^{pos} 和 n^{neg} 的相对大小来度量分裂的不纯度，即正类型的经验概率，可以定义为比率 $p = n^{pos} / (n^{pos}+n^{neg})$。对于不纯度函数有一些要求。首先，如果我们交换正类型和负类型（也就是用 $1-p$ 代替 p），不纯度应该保持不变。当 $p = 0$ 或 $p = 1$ 时，不纯度函数应为 0；当 $p = 0.5$ 时，应达到最大值。为了使每个节点的分裂有意义，我们需要具有这些特性的优化函数。

有三个函数具有下述特性，通常用于不纯度度量或是作为分裂标准：

- **少数类（Minority class）**：假设我们使用多数类对每个叶子节点进行标记，这种方法就是简单地对错误分类的比例进行度量。比例越高，错误数量越大，分裂的不纯度也越高。这有时被称为分类误差（classification error），计算为 $\min(p, 1-p)$。
- **基尼指数（Gini index）**：就是期望误差，我们标记样本为正，概率为 p；或者标记样本为负，概率为 $1-p$。有时也会使用基尼指数的平方根，这对于处理大部分样本属于同一类型的分布高度倾斜的数据，具有很多优势。

- 熵（Entropy）：基于分裂的期望信息内容来度量不纯度。可以理解为，有个消息将会告诉我们关于一系列随机样本的类型。如果样本集合的纯度越高，则这个消息越可被预测，从而其期望信息就越小。熵的度量公式如下：

$$-p\log_2 p - (1-p)\log_2(1-p)$$

这三种分裂标准，概率区间在0和1之间，如下图所示。为了能与其他两种标准进行比较，其中熵被缩放了0.5。我们可以使用决策树的输出来观察每个节点在此曲线上的位置。

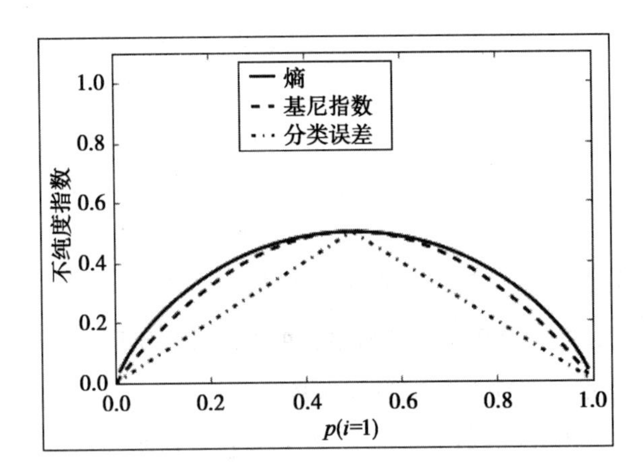

4.3 规则模型

理解规则模型最好使用离散数据中的原理。我们来回顾一下这些原理。

设X为特征集合，也就是特征空间，C为类型集合。我们可以对X定义一个理想的分类器如下：

$$c:X \to C$$

在特征空间内类型为c的样本集合定义如下：

$$D = \{(x_1, c(x_1)), ..., (x_n, c(x_n)) \subseteq X \times C$$

对 X 的分裂将 X 分为一组互斥子集 $X_1\cdots X_s$，因此有：

$$X = X_1 \cup \ldots \cup X_s$$

其中也包含了对 D 的分裂，为 $D_1\cdots D_s$。我们定义 D_j 为 $\{(x, c(x) \in D \mid x \in X_j)\}$，其中 $j = 1, \cdots, s$。

这里定义的 X_j 只是 X 的一个子集，其中所有成员都是被完美分类的。

在下表中我们使用示性函数的求和定义了一些测度。示性函数使用标记 $I[\cdots]$，当方括号内的语句为真时，示性函数取值为 1；当方括号内的语句为假时，取值为 0。这里的 $\tau c(x)$ 是对 $c(x)$ 的估计。

我们来看看下表：

正数量	$P = \sum_{(x \in D)} I[c(x) = pos]$
负数量	$N = \sum_{(x \in D)} I[c(x) = neg]$
真正	$TP = \sum_{(x \in D)} I[\tau c(x) = c(x) = pos]$
真负	$TN = \sum_{(x \in D)} I[\tau c(x) = c(x) = neg]$
假正	$FP = \sum_{(x \in D)} I[\tau c(x) = pos, c(x) = neg]$
假负	$FN = \sum_{(x \in D)} I[\tau(x) = neg, c(x) = pos]$
准确率	$acc = \frac{1}{D} \sum_{(x \in D)} I[\tau c(x) = c(x)]$
误差率	$err = \frac{1}{D} \sum_{(x \in D)} I[\tau c(x) \neq c(x)]$
真正率（灵敏度，召回率）	$tpr = \frac{\left(\sum_{(x \in D)} I[\tau c(x) = c(x) = pos]\right)}{\left(\sum_{(x \in D)} I[c(x) = pos]\right)} = \frac{TP}{P}$

（续）

真负率（负召回率）	$tnr = \frac{\left(\sum_{(x\in D)} I[\tau c(x) = c(x) = neg]\right)}{\left(\sum_{(x\in D)} I[c(x) = neg]\right)} = \frac{TN}{N}$
精度，置信度	$prec = \frac{\left(\sum_{(x\in D)} I[\tau c(x) = c(x) = pos]\right)}{\left(\sum_{(x\in D)} I[\tau c(x) = pos]\right)} = \frac{TP}{(TP + FP)}$

规则模型不仅仅包含规则集合或列表，而更重要的是，还包含了组合这些规则的规范，从而能够形成预测。规则模型属于逻辑模型，但是与树状模型的思路不同，树状模型分裂为互斥分支，而规则可以重叠，可能携带额外信息。在有监督学习中，基本上有两种方法来构建规则模型。一种方法与我们之前所做的一样，即发现文字组合，以此作为假设，如果该假设覆盖了充分同质的样本集合，则得出能够标记此类型的标签。另一种方法则与之相反，也就是首先选择一个类型，然后针对此类型的样本集合去发现规则，这些规则所覆盖的样本子集应当足够大。第一种方法倾向于得出一个有序规则列表，而在第二种方法中，规则是无序集合。我们将会看到，每种方法都会以它们特有的方式来处理重叠的规则。我们首先来看看有序列表方法。

4.3.1 有序列表方法

当在合取规则中加入文字项时，我们的目标是提高该规则所覆盖的每一后续实例集合的同质性。这和我们在上一节对树状模型的操作类似，即在假设空间内构造路径。但是规则模型方法的关键不同在于，我们只关心其中一个子节点的纯度，即所增加的文字项为真的节点。而在树状模型中，我们采用二分裂的两个子节点的加权平均值来计算其两个分支的纯度。在这里，虽然我们还是关心计算后续规则的纯度，但是只计算每次分裂的一个边。虽然我们还是使用相同的方法来计算纯度，但是不需要采用所有子节点的平均值。与决策树分而治之的策略相反，基于规则的学习通常被描述为各自为战。

我们以上一节的针叶树分类问题为例。

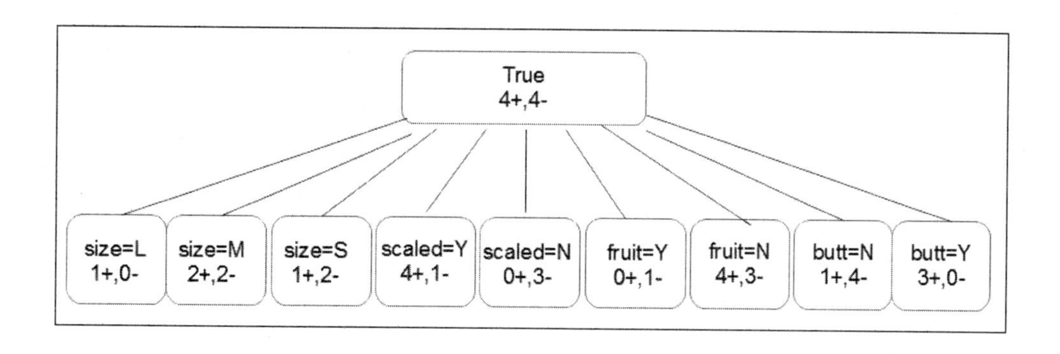

对于选择能够得到最纯分裂的规则，这里有多个选项。假设我们选择规则为 *If scaled = N then class is negative*（如果鳞形为否，则类型为负），则会覆盖四个负样本中的三个。在下一次迭代中，我们从考察中去掉这些样本，并继续这一过程，寻找具有最大纯度的文字项。实际上，我们所做的是，构造一个由 if 和 else 子句联合的有序规则列表。我们可以将规则重写为互斥的，这意味着规则集合可以是无序的。其条件是，我们必须采用否定文字项或内部析取式来处理具有两个以上取值的特征。

我们可以对此模型进行一些改进。例如，我们可以引入停止准则，即当满足一定条件时中断迭代，例如，在有噪声数据的情况下，当每一类型的样本低于一定数量时，我们可能希望停止迭代。

有序规则模型和决策树有很多共同之处，特别是它们都采用了基于纯度概念的目标函数，即每一分裂中正负类型实例的相对数量。它们都具有易于可视化的结构，并应用于众多不同的机器学习环境中。

4.3.2 基于集合的规则模型

在基于集合的规则模型中，规则的学习是对每一类型逐一完成的，并且我们的目标函数简化为最大化 p，而不是最小化的 $\min(p, 1 - p)$。使用这一方法的算法通常对每一类型逐一遍历，并且只覆盖每一类型的样本，当发现规则后，则将其移出。基于集合的模型采用精度（$TP/(TP+FP)$）作为搜索的启发，而这会使模型过于集中于规则的纯度；这样可能会丢掉一些近似的纯规则，这些规则实际上能够被进一步特殊化而形成纯规则。还有一种方法，称为集束搜索（beam search），是通过启发搜索获得预定数量的最优不完全解。

有序列表给出了对训练集的凸覆盖。对于无序的基于集合的方法则未必成立，因为对给定的规则集合中不存在全局最优顺序。因此，若 A 和 B 是两个规则集合，我们可访问的规则重叠表示为合取式 $A \wedge B$。如果这两个规则集合属于有序列表，若顺序是 AB，则 $A = (A \wedge B) \vee (A \wedge \neg B)$，若顺序是 BA，则 $B = (A \wedge B) \vee (\neg A \wedge B)$。这就意味着规则空间可能被扩大了；然而，我们必须要估计对重叠的覆盖，因此就牺牲了凸性。

一般来说，规则模型非常适用于预测模型。我们将会看到，可以扩展规则模型来执行诸如聚类和回归等任务。规则模型的另一个重要应用是建立描述模型（descriptive models）。在构建分类模型时，我们通常寻找那些将创建训练样本纯子集的规则。然而，如果我们要寻找特定样本集的其他判别性特点，则未必如此。这有时被称为子群发现（subgroup discovery）。这时，我们关注的不是基于类型纯度的启发，而是寻求判别类型的分布。其实现使用了基于局部异常检测思想所定义的质量函数。该函数可以采用 $q = TP/(FP + g)$ 的形式。其中，g 是泛化因子，它决定相对于规则所覆盖的实例数量，非目标类型实例的可允许数量。当 g 取值较小时，例如小于 1，所产生的规则将会更为特殊，因为每一额外的非目标样本都会导致相对更大的开销。g 取值较大时，例如大于 10，将创建覆盖更多非目标样本的更为一般化的规则。g 在理论上没有最大取值；但是，g 的取值大于样本数量没有太大意义。g 的取值由数据大小和正样本比例所约束。g 的取值可以变化，这将以 TP/FP 空间的某些点引导子群发现。

我们可以使用主观或客观质量函数。我们可以在模型中引入主观兴趣度系数，以反映诸如可理解性、意外性，或是基于模板来描述关注类型的关系模式等。客观量度源于数据本身的统计和结构特性，它们非常适合用于绘制覆盖图，以凸显与总体具有不同统计特性的子群。

本节最后，对于基于规则的模型，我们还要考虑能够完全无监督地学习的规则。这被称为关联规则学习（association rule learning），其典型用例包括数据挖掘、推荐系统和自然语言处理。我们以五金商店为例，商店出售四种商品：hammers（锤子）、nails（钉子）、screws（螺丝）和 paint（油漆）。

请看如下表格：

交　易	商　品
1	nails
2	hammers, nails
3	hammers, nails, paint, screws
4	hammers, nails, paint
5	screws
6	paint, screws
7	screws, nails
8	paint

在上表中，我们对商品交易进行了分组。我们还可以对每一项商品所涉及的交易进行分组。例如，钉子（nail）涉及的交易有 1、2、3、4 和 7，锤子（hammer）涉及的交易有 2、3、4 等。我们还能够对商品集合所涉及的交易进行分组，例如，锤子和钉子都涉及的交易有 2、3 和 4，这可以描述为商品集合 {hammer, nails} 覆盖了交易集合 [2, 3, 4]。在所有交易中，共有 16 个商品集合，其中包括空集。

交易集合之间的关系形成了连接商品集合的格结构。为了建立关联规则，我们需要创建超过阈值 F_T 的频繁项集。例如，当 $F_T = 3$ 的频繁项集有 {screws}、{hammer, nails} 和 {paint}。这些频繁项集就是涉及三个或更多交易的商品集合。下图显示了这个例子的部分格结构。我们在假设空间映射中发现的最小一般泛化与之类似。这里，我们关注的是最大商品集合的最低边界，在本例中是 {nails, hammer}。

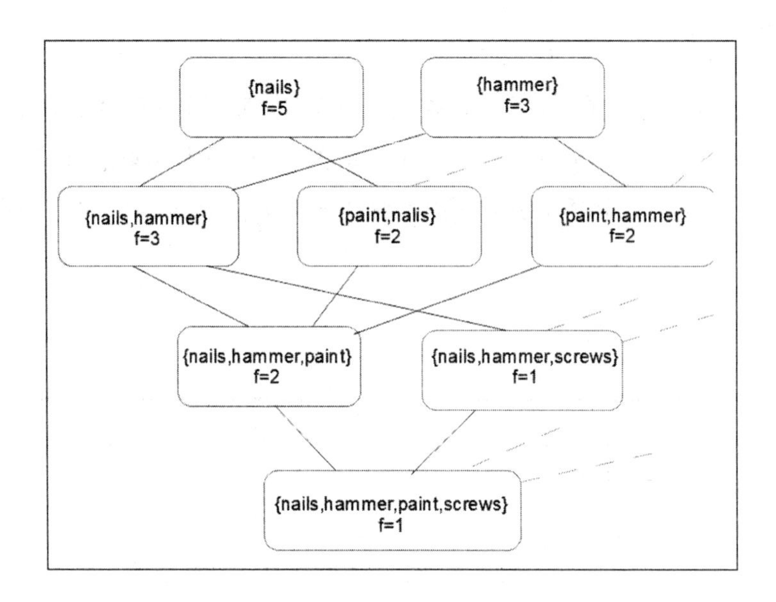

现在，我们能够以 *if A then B* 的形式来创建关联规则，其中 *A* 和 *B* 是在交易中一起频繁出现的商品集合。如果我们在图中选择一条边，例如频率为 5 的 {nails} 与频率为 3 的 {nails, hammer} 之间的边，那么我们可以认为关联规则 if nails then hammer 的置信率（confidence）是 3/5。采用频率阈值和规则置信率的算法可以发现所有超过这一阈值的规则。这被称为关联规则挖掘（association rule mining），并且其通常会有一个后处理阶段，将不必要的规则过滤掉，例如，更特殊的规则不比其更一般的父规则置信率更高。

4.4 总结

在本章的开始，我们探索了逻辑语言，并为一个简单例子创建了假设空间映射。我们讨论了最小一般泛化的思想，以及如何发现假设空间中从最大一般假设到最小一般假设的路径。我们简要地介绍了可学习性的概念。然后，我们了解了三种模型及其广泛用途，这些模型都是描述性的，并且易于解释。然而，树状模型本身倾向于过度拟合，并且大多数树状模型使用的贪婪算法倾向于对初始条件过于灵敏。最后，我们讨论了有序规则列表和无序规则集合模型。这两种不同的规则模型可以通过如何对重叠进行处理来区别。有序方法是发现文字项的组合，将样本分离为更具同质的群。无序方法每次对一个类型寻找假设。

在下一章中，我们将了解一种相当不同的模型类型——线性模型。这些模型采用了几何数学来描述问题空间，并且形成了支持向量机和神经网络的基础。

CHAPTER 5

第5章

线性模型

线性模型是使用最为广泛的模型之一，形成了许多高级非线性技术的基础，例如支持向量机和神经网络。线性模型适用于任何预测任务，例如分类、回归，或概率估计。

当对输入数据的微小变化进行响应，并且所提供的数据由完全无关的特征组成时，线性模型比树状模型更为稳定。正如我们在上一章所提及的，树状模型对训练数据的微小变化会过度响应。这是因为在树根部的分裂会导致后续分裂的不可恢复，也就是说，在根部就产生了不同的分支，并且意味着树的其余部分明显不同。线性模型则相对稳定，对初始条件没那么灵敏。然而，正如我们所知，这具有相反作用，将不灵敏的数据变成了微妙的数据。这用术语来描述的话，就是方差（对于过拟合模型）和偏差（对于欠拟合模型）。线性模型是典型的低方差和高偏差。

线性模型通常最好从几何角度来理解。我们在笛卡儿坐标系中可以很容易地绘制出二维空间，并且可以通过透视法来绘制第三维。我们还一直被教导，时间是第四维，但是当我们开始谈论 n 维时，这一物理类比就瓦解了。耐人寻味的是，我们还能使用很多数学工具，可以直观地应用于三维空间。当可视化这些额外维度变得困难时，我们还是能够使用相同的几何概念来进行描述，例如，直线、平面、角度和距离等。在几何模型中，我们将每个实例描述为一组实值特征，其中每一特征都是几何空间的一个维度。我们首先来回顾一下线性模型的相关形式。

我们已经讨论过对两个变量使用最小二乘法的基本数值线性模型。这种方法十分直观，并且在二维坐标系中易于可视化。当我们要增加参数时，也就是在模型中增加特征时，我们需要一种形式来替换或增强这种直观的可视化表示。在本章，我们将了解如下主题：

- ❑ 最小二乘法
- ❑ 正规方程法
- ❑ Logistic 回归
- ❑ 正则化

我们首先由基本模型开始。

5.1 最小二乘法

对于简单的单一特征模型，我们的假设函数如下：

$$h(x) = w_0 + w_1 x$$

如果我们绘制其图形，可以看到，这是一条在 w_0 处穿过 y 轴的直线，并且斜率为 w_1。线性模型的目标就是找出这些参数的值，使直线能够对数据进行最佳匹配，我们称其为函数参数值。我们将目标函数定义为 J_w，并想要对其进行最小化。

$$minJ_w = \frac{1}{2m}\sum_{i=1}^{m}(h_w(x^{(i)}) - y^{(i)})^2$$

上式中，m 是训练样本的数量，$h_w(x^{(i)})$ 是第 i 个训练样本的估计值，y^i 是其实际取值。这就是 h 的代价函数（cost function），因为其度量了误差的代价，误差越大，代价越高。导出代价函数的这种方法有时被称为误差平方和（sum of the squared error），因为其对预测值和实际值之间的差值进行了求和。在上式中，为简便起见，以误差平方和均值的一半作为最小化。而实际上有两种方法可以求解最小化。我们可以使用迭代的梯度下降算法，也可以使用正规方程一步到位对代价函数进行最小化。我们首先来了解梯度下降这一概念。

5.1.1 梯度下降

当我们对代价函数绘制参数值的图形时，将会得到一个碗形的凸函数。当参数值（从一个极小值开始）在任意方向偏离其最优值时，模型的代价随之增长。因为假设函数是线性的，所以代价函数是凸的。如果不是这样的话，则无法区分全局（global）和局部极小值（local minimum）。

梯度下降算法表示为如下修正规则：

$$重复直到收敛\ w_j := w_j - \alpha \frac{\delta}{(\delta w_j)} J_w$$

上式中的 δ 是 J_w 的一阶导数，导数的符号用于决定梯度方向。这其实就是每个点的切线斜率符号。算法中采用了一个超参数 α，表示我们需要设置的学习速率。之所以将其称为超参数（hyper parameter），是为了和模型所要估计的参数 w 进行区分。如果学习速率设置过小，则发现极小值的时间更长，收敛更慢；如果设得太大，则可能会超调而发散。我们或许会发现，需要多次运行模型，才能决定最佳的学习速率。

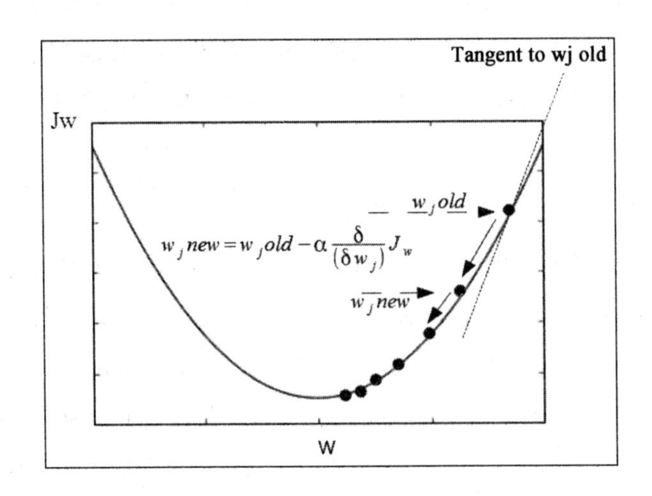

在梯度下降应用于线性回归时，可以对模型参数得出如下公式。我们可以重写导数项，使其易于计算。因为导数本身相当复杂，没必要在这里去解决它们。如果我们了解微积分，就会发现如下规则是等价的。这里，我们重复应用两个对假设的修正规则，并引入一个停止函数。停止条件通常为，后续迭代的参数差值下降，直到小于阈值 t。

初始化 w_0 和 w_1，然后重复：

$$\| wold - wnew \| < t\{$$

$$w_0 : w_0 - a\frac{1}{m}\sum_{i=1}^{m}(h_w(x^{(i)}) - y^{(i)})$$

$$w_1 : w_0 - a\frac{1}{m}\sum_{i=1}^{m}((h_w(x^{(i)}) - y^{(i)})x_i)\}$$

重要的是，这些修正规则需要同时应用，也就是说要在同一次迭代中应用，因此 w_0 和 w_1 的新值都要插回下一次迭代。这有时被称为批量梯度下降（batch gradient descent），因为它是在一次迭代中批量修正所有训练样本。

在具有多特征的线性回归问题中应用这些修正规则相当简单。如果不考虑精确求导，确实如此。

对于多特征，我们的假设函数将如下所示：

$$h_w(x) = w^T x = w_0 x_0 + w_1 x_1 + w_2 x_2 + \cdots + w_n x_n$$

其中 $x_0 = 1$，这通常被称为偏置特征（bias feature），增加此项是为了有助于进行后续的计算。在上式中我们还可以看到，如果使用向量，则可以简写为参数值的转置矩阵乘以特征值向量 x。对于多特征梯度下降，代价函数将作用于参数值向量，而不仅仅是一个参数值。新的代价函数如下所示：

$$J(w) = \frac{1}{2m}\sum_{i=1}^{m}(h_w(x^{(i)}) - y^{(i)})^2$$

$J(w)$ 即是 $J(w_0, w_1, \cdots, w_n)$，其中 n 是特征的数量。J 是参数向量 w 的函数。现在，我们的梯度下降修正规则如下所示：

$$update\ w_j\ for\ j = (0, \ldots, n)\left\{w_j: -w_j - \alpha\frac{1}{m}\alpha\sum_{i=1}^{m}(x^{(i)} - y^{(i)})x_j^{(i)}\right\}$$

因为现在有多个特征，所以我们对 x 值加了下标 j，用于表示第 j 个特征。如果我们将这部分进行分解，可以看到这实际上就是 $j+1$ 的嵌套修正规则。除了下标以外，嵌套的每一修正规则都和我们用于单特征的训练规则完全一样。

这里要提的重点是，为了让模型更有效率，我们可以定义自己的特征，在后续章节还会提到这一点。举个简单的例子，假设要基于长和宽两个特征来估计土地价格，显然可以将两个特征相乘而得到面积这一特征。因此，我们对某一问题或许具有独特的洞察力，在此基础上，使用派生特征可能会更有意义。我们可以进一步采取这种思路，创建我们自己的特征，以使模型能够适应非线性数据。多项式回归（polynomial regression）就是这样一种技术，这涉及对假设函数增加幂项，使其成为多项式。例如：

$$h_w(x) = w_0 + w_1x + w_2x^2 + w_3x^3$$

如果要在土地价格的例子中应用多项式，只须加入面积特征的平方项和立方项。对于这些幂项有很多可能的选择，实际上在我们的例子中，更好的选择可能是对其中的一项取平方根，以防止函数暴增为无穷大。这突出了一个重点，就是当采用多项式回归时，必须小心对待特征的缩放。我们可以看到，随着 x 增大，函数中的幂项会越来越大。

现在我们有了适合非线性数据的模型，然而在此阶段，我们只是人工地对不同的多项式进行尝试。而在理想的情况下，我们需要模型具有一定程度的特征选择能力，而不是由人来试图想出合适的函数。我们还需要意识到，有关联的特征会使模型变得不稳定，因此我们需要设计将关联特征分解为其分量的方法。在第7章中，我们将了解这些方面的内容。

下面是批量梯度下降的一个简单实现。我们可以尝试不同的学习速率 alpha，对数据取更大偏差和/或方差，或采用不同的迭代次数，来观察这些值对模型性能的影响。

```
import numpy as np
import random
import matplotlib.pyplot as plt

def gradientDescent(x, y, alpha, numIterations):
    xTrans = x.transpose()
    m, n = np.shape(x)
    theta = np.ones(n)
    for i in range(0, numIterations):
        hwx = np.dot(x, theta)
        loss = hwx - y
        cost = np.sum(loss ** 2) / (2 * m)
        print("Iteration %d | Cost: %f " % (i, cost))
        gradient = np.dot(xTrans, loss) / m
        theta = theta - alpha * gradient
    return theta

def genData(numPoints, bias, variance):
    x = np.zeros(shape=(numPoints, 2))
    y = np.zeros(shape=numPoints)
    for i in range(0, numPoints):
        x[i][0] = 1
        x[i][1] = i
        y[i] = (i + bias) + random.uniform(0, 1) * variance
    return x, y

def plotData(x,y,theta):
    plt.scatter(x[...,1],y)
    plt.plot(x[...,1],[theta[0] + theta[1]*xi for xi in x[...,1]])

x, y = genData(20, 25, 10)
iterations= 10000
alpha = 0.001
theta=gradientDescent(x,y,alpha,iterations)
plotData(x,y,theta)
```

以上代码的输出如下图所示：

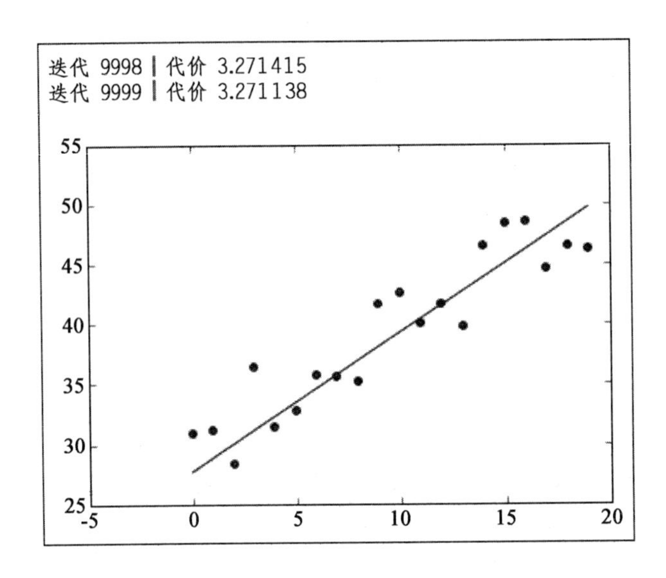

这就是批量梯度下降（batch gradient descent），因为每次迭代都会根据所有训练样本对参数值一起进行更新。而随机梯度下降（Stochastic gradient descent，SGD）与之不同，梯度是由单一样本梯度逐一进行近似计算的。在算法收敛前可能会对数据进行多次遍历。每一次遍历时，需要对数据重新洗牌，以避免陷入循环。随机梯度下降已经成功地应用于大规模学习问题，例如自然语言处理等。SGD 的缺点之一是需要一定数量的超参数，不过有很多计划可以对此进行调整，例如对损失函数进行选择或者应用一种正则化。随机梯度下降对特征的伸缩也同样灵敏。很多 SGD 的实现，例如 SKlearn 包的 SGDClassifier 和 SGDRegressor，会默认采用自适应学习速率。当算法接近极小值时，将降低学习速率。为了让这些算法运行良好，通常需要对数据进行缩放，以使输入向量 X 的每个值都在 0 和 1 或者 −1 和 1 之间。另外，还要确保这些数据值的均值为 0，方差为 1。使用 sklearn.preprocessing 的 StandardScaler 类就很容易做到。

对于代价函数的最小化，梯度下降并不是唯一的算法，并且在众多方法中，也不是最有效率的方法。有很多高级库能够计算参数值，会比我们人工地实现梯度下降修正规则，效率更高。幸运的是，我们不必过于关心其中的细节，因为 Python 已经有了很多成熟和高效的回归算法实现。例如，在 sklearn.linear_model 模块中，有 Ridge、Lasso 和

ElasticNet 等算法实现可能会更好，当然这也取决于具体应用。

5.1.2 正规方程法

我们现在从一个略有不同的角度来了解线性回归问题。正如之前所提及的，代价函数最小化存在数值解方法，因此，与梯度下降对训练集进行迭代遍历不同，我们可以采用正规方程（normal equation）进行一步求解。如果我们了解微积分，就会记得，对函数进行最小化时，可以对其求导，并使导数为 0 以对变量进行求解。这是可以理解的，因为对于凸的代价函数，其极小值就是切线的斜率为 0 的地方。因此，在之前那个单特征的简单例子中，我们可以求 $J(w)$ 对 w 的导数，然后设其为 0，即可求得 w。而我们所关心的问题是，w 是 $n+1$ 的参数向量，代价函数 $J(w)$ 是该向量的函数。对此进行最小化的一种方法是，依次对参数值求 $J(w)$ 的偏导，并设其为 0，以此对 w 的每个值进行求解。这样就得出最小化代价函数所需的 w 的值。

这就得出一种容易的求解方法，即正规方程，这种方法可能需要复杂费时的计算。为了解其原理，我们首先定义如下特征矩阵：

$$X = \begin{matrix} x_0^{(1)} & x_1^{(1)} & x_2^{(1)} & \cdots & x_n^{(1)} \\ x_0^{(2)} & x_1^{(2)} & x_2^{(2)} & \cdots & x_n^{(2)} \\ \cdots & \cdots & \cdots & \cdots & \cdots \\ x_0^{(m)} & x_1^{(m)} & x_2^{(m)} & \cdots & x_n^{(m)} \end{matrix}$$

这是一个 m 行 $n+1$ 列矩阵，其中 m 是训练样本的数量，n 是特征的数量。注意，我们以如下标记法来定义训练标签向量：

$$y = \begin{matrix} y^{(1)} \\ y^{(2)} \\ \cdots \\ y^{(m)} \end{matrix}$$

这样，我们就可以通过如下方程来计算最小化代价函数的参数值：

$$w = (X^T X)^{-1} X^T y$$

这就是正规方程。当然，在 Python 中有很多方式可以实现它。这里，我们使用 NumPy 的 matrix 类所提供的简单方法。大多数实现会使用正则化参数，以避免试图对奇异矩阵进行转置而引发的错误。当我们的特征多于训练数据时，也就是说当 n 大于 m 时，就会发生这种情况；这时没有正则化的正规方程将无法求解。这是因为，矩阵 X^TX 是不可逆的，因此无法对 $(X^TX)^{-1}$ 项进行求解。正则化还有其他好处，我们随后会进行讨论：

```
import numpy as np

def normDemo(la=.9):
    X = np.matrix('1 2 5 ; 1 4 6')
    y=np.matrix('8; 16')
    xtrans=X.T
    idx=np.matrix(np.identity(X.shape[1]))
    xti = (xtrans.dot(X)+la * idx).I
    xtidt = xti.dot(xtrans)
    return(xtidt.dot(y))
```

采用正规方程的一个优势是无须担心特征的伸缩。在梯度下降中，具有不同值域（例如，一个特征在 1 和 10 之间取值，而另一个特征在 0 和 1000 之间取值）的特征可能会引起问题。而采用正规方程则无须对此担心。正规方程的另一个优势是无须选择学习速率。我们之前了解到，在梯度下降中，如果学习速率选择有误，要么会使模型变得缓慢，要么会导致模型错过极小值。这就可能需要在梯度下降的测试阶段采取额外的步骤。

正规方程也有其特定于自身的缺点。首先，当数据中具有大量特征时，正规方程难以伸缩。我们需要计算特征矩阵 X 的转置矩阵的逆矩阵。对于大多数平台而言，反转矩阵所需的时间，实际上是按 n 的立方增长的。因此，对于具有大量特征的数据，例如大于 10 000，我们可能应该考虑采用梯度下降，而不是正规方程。采用正规方程会引起的另一个问题是，当特征多于训练数据时，也就是当 n 大于 m 时，没有正则化的正规方程无法求解。这是因为矩阵 X^TX 是不可逆的，因此无法计算 $(X^TX)^{-1}$。

5.2 logistic 回归

对于最小二乘模型，我们将其应用于解决最小化问题。我们还可以采用这一思想的一种变体来解决分类问题。如果在分类问题中应用线性回归，会发生什么呢？我们来举个简单的单一特征二分类例子。我们可以在以特征为 x 轴，类型标签为 y 轴的坐标系中绘制特征分布。特征变量是连续的，而 y 轴上的目标变量是离散的。对于二分类，我们通常用 0 表示负类型，用 1 表示正类型。我们可以构造一条穿过数据的回归线，并采用 y 轴上的一个阈值来估计决策边界。这里，我们采用 0.5 作为阈值。

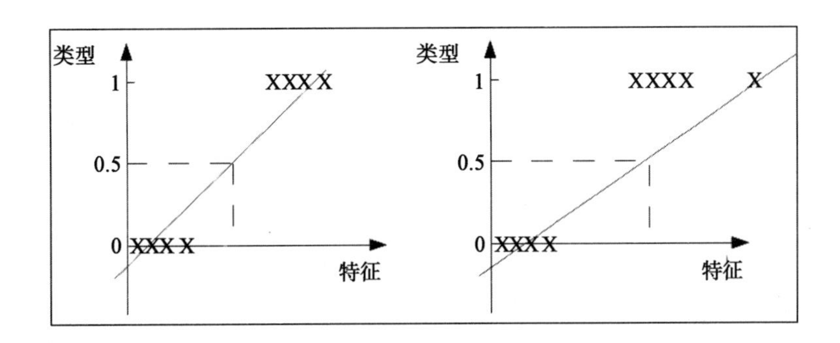

在上左图中，如果方差很小，则可以明确分离正样本和负样本，从而得出可接受的结果。该算法可以对训练集进行正确分类。在上右图中，数据中存在一个孤立点。这就使得回归线更平，并且使决策边界的截止点右移。此孤立点很明显属于类型 1，不应该对模型预测造成任何差异，然而，对于现在的截止点，预测会将类型 1 的第一个实例错误地分类为类型 0。

一种解决此问题的方法是，采用一种不同的假设表示公式。对于 logistic 回归，我们将使用线性函数作为另一个函数 g 的输入。

$$h_w(x) = g(W^T x) \ (0 \leqslant h_w \leqslant 1)$$

其中函数 $g(z)$ 被称为 sigmoid 函数（S 型函数）或 logistic 函数。我们可以在其图形中注意到，这是一条在 y 轴上 0 和 1 之间的渐近线，并且在 0.5 处穿过 y 轴。

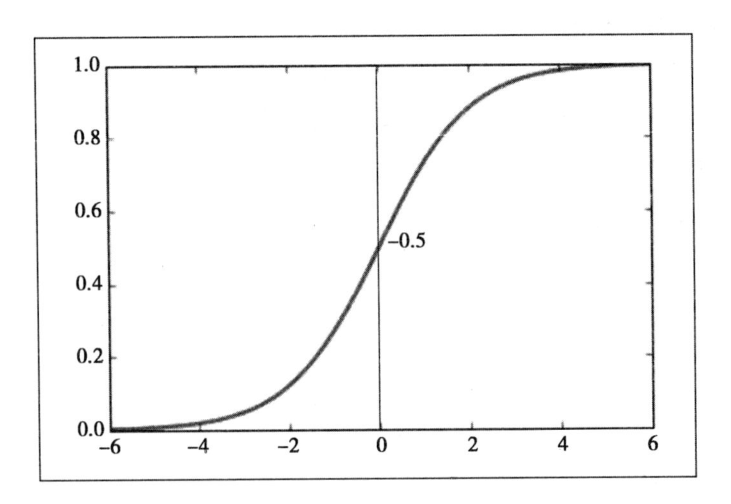

现在，如果我们用 $W^T x$ 来代替 g 函数中的 z，则可以将假设函数重写为：

$$h_w(x) = \frac{1}{(1 + e^{-w^T} x)}$$

因为是线性回归，我们需要对训练数据拟合参数 w，以得出预测函数。在拟合模型之前，我们先了解一下如何来解释假设函数的输出。因为假设函数会返回 0 和 1 之间的数，那么最自然的解释方式就是，将其看作正类型的概率。因为我们知道或假设，每个样本只能属于两个类型之一，那么正类型的概率加负类型的概率就必须等于 1。因此，如果我们能够估计正类型，那么也就能够估计负类型的概率。既然我们最终要对特定样本的类型进行预测，那么如果假设函数的输出大于或等于 0.5，则可以将其解释为正类型，反之则为负类型。现在，基于 sigmoid 函数的特性，我们可以得到下式：

$$h_x = g(W^T x) \geqslant 0.5 \text{ ，当 } W^T x \geqslant 0 \text{ 时}$$

每当假设函数对一个特定训练样本返回大于或等于 0 的数值时，我们可以预测其为正类型。我们来看一个简单例子。我们还没有对模型拟合参数，虽然随后会进行拟合，但就此例，假设有如下参数向量：

$$W = \begin{matrix} -3 \\ 1 \\ 1 \end{matrix}$$

由此，假设函数如下所示：

$$h_w(x) = g(-3 + x_1 + x_2)$$

当满足如下条件时，可以预测 $y = 1$：

$$-3 + x_1 + x_2 \geqslant 0$$

其等价为：

$$x_1 + x_2 \geqslant 3$$

对其绘制图形如下：

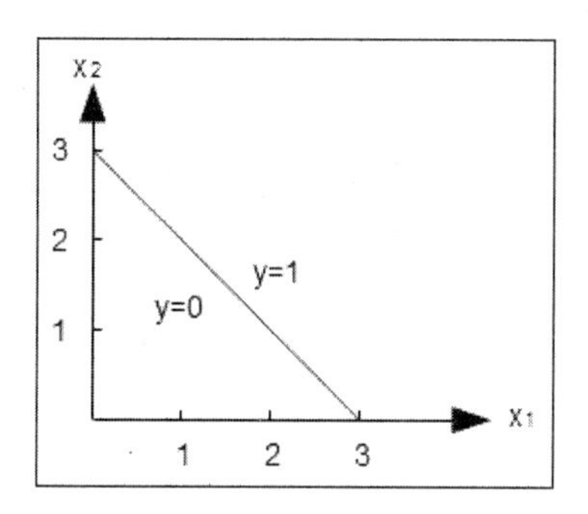

这就是在 $x = 3$ 和 $y = 3$ 之间的直线，并且表示了决策边界（decision boundary）。决策边界分成两个区域，分别预测 $y = 0$ 或 $y = 1$。如果决策边界不是直线则会如何？在线性回归中可以对假设函数加入多项式，对于 logistic 回归也是如此。我们可以加入一些高阶项得出一个新的假设函数，来看看如何来对数据进行拟合：

$$h_w(x) = g(w_0 + w_1x_1 + w_2x_2 + w_3x_1^2 + w_4x_2^2)$$

如上，我们在函数中增加了两个平方项。我们随后会看到如何进行参数拟合，但现在，假设参数向量为：

$$w = \begin{matrix} -1 \\ 0 \\ 0 \\ 1 \\ 1 \end{matrix}$$

由此，我们得到下式

$$Predict\ y = 1 if -1 + x_1^2 + x_2^2 \geqslant 0$$

还可以写为：

$$Predict\ y = 1 if x_1^2 + x_2^2 = 1$$

可以看出，这就是以原点为圆心的圆形方程，可以将其作为决策边界。我们可以通过增加更高阶的多项式创建更为复杂的决策边界。

Logistic 回归的代价函数

现在，我们需要了解对数据拟合参数的重要任务。如果对线性回归的代价函数进行简化，我们可以看到，代价函数就是平方误差的一半：

$$Cost(h_w(x), y) = \frac{1}{2}(h_w(x) - y)^2$$

这一简单计算可以解释为，对于训练标签 y，及给出的预测 $h_w(x)$，我们希望模型所能够承受的代价。

这对于 logistic 回归在一定程度上是可行的，然而这里存在一个问题。对于 logistic 回归，假设函数依赖于非线性的 sigmoid 函数，当我们对参数绘制其图形时，通常所产生的是非凸函数。这就意味着，当我们试图对代价函数应用诸如梯度下降等算法时，并不一定会收敛为全局极小值。有种解决方法是，将代价函数定义为凸函数，这会得出如下两个函数以满足我们的目标，其中每个函数对应于一个类型：

$$Cost(h_w(x)) = -\log(h_x(w)) if\ y = 1$$

$$Cost(h_w(x)) = -\log(1 - h_x(w)) if\ y = 0$$

其图形如下所示：

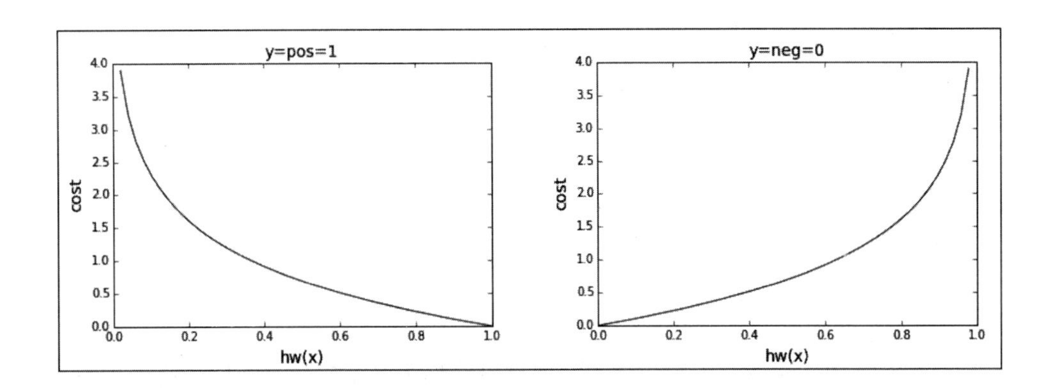

从直观上看，这正是我们所需要的。对于正类型的一个训练样本，也就是 $y = 1$，当假设函数 $h_w(x)$ 正确地预测为 1 时，则代价为我们所预期的 0。如果假设函数的输出是 0，预测不正确，则代价达到无限。当 y 是负类型时，代价函数则如右图所示，当 $h_w(x)$ 为 0 时，代价为 0，当数 $h_w(x)$ 为 1 时，代价上升至无限。我们可以将其提炼为下式，其中 y 取 0 或 1：

$$Cost(h_w(x), y) = -y\log(h_w(x)) - (1 - y)\log(1 - h_w(x))$$

从上式中可以看到，对于每种概率，$y = 1$ 或 $y = 0$，不相关项都乘以了 0，而留下了相应正确的项。因此，我们可以得出如下代价函数：

$$J(w) = \frac{-1}{m}\left[\sum_{i=1}^{m} y^{(i)} logh_w(x^{(i)}) + (1 - y^{(i)})log(1 - h_w(x^{(i)}))\right]$$

那么，如果给出一个新的无标签的 x 值，我们如何进行预测？与线性回归一样，我们的目标是最小化代价函数 $J(w)$。我们可以采用与线性回归一样的修正规则，也就是通过偏导求得斜率，这样，我们通过求导可以得到下式：

$$\text{重复直到收敛}: W_j := W_j - \alpha\sum_{i=1}^{m}(h_w(x^{(i)}) - y^{(i)})x_j^{(i)}$$

5.3 多分类

目前为止，我们只是了解了二分类。对于多类分类，我们假设每个实例只属于一个类型。另一类稍有不同的分类问题是，每个样本可以属于多于一个目标类型。这被称为多标签分类。对于这些问题类型，我们可以采用相同的策略。

对于多分类问题有两种基本方法：

- 一对所有（one versus all）
- 一对多（one versus many）

在一对所有的方法中，一个多分类问题可以变换为多个二分类问题。这被称为一对所有（one versus all）技术，因为是依次对每一个类型拟合假设函数，而将其余类型赋为负类型。我们最后会得到一些不同的分类器，其中每个分类器被训练用于识别多类型中的一个类型。当对新的输入进行预测时，需要运行所有分类器，并从中选择预测概率最高的分类器。其形式化描述如下：

$$h_w^{(i)}(x) \text{ 对每个类型 } i \text{ 有一个假设函数 } h\text{，预测 } y=i \text{ 的概率}$$

为了进行预测，我们选择最大化如下假设函数的类型：

$$h_w^{(i)}(x)$$

另一种称为一对一（one versus one）的方法是对每一对类型构造一个分类器。当模型进行预测时，赢得最多投票的类型胜出。这种方法通常要比一对多方法慢，尤其是当类型数量很大时。

所有的Sklearn分类器都实现了多分类。我们在第2章所见到的K近邻算法示例中，使用了iris数据集试图对三种类型中的一种进行预测。Sklearn的OneVsRestClassifier类实现了一对所有的算法，OneVsOneClassifier实现了一对一的算法。这些被称为元估计器（meta-estimators），因为它们是以其他估计器作为输入的。它们的优点是允许改变处理两个以上类型的方法，并且对于计算效率或泛化误差，都具有更好的表现。

在下面的例子中，我们使用SVC：

```
from sklearn import datasets
from sklearn.multiclass import OneVsRestClassifier, OneVsOneClassifier
```

```
from sklearn.svm import LinearSVC

X,y = datasets.make_classification(n_samples=10000, n_features=5)
X1,y1 = datasets.make_classification(n_samples=10000, n_features=5)
clsAll=OneVsRestClassifier(LinearSVC(random_state=0)).fit(X, y)
clsOne=OneVsOneClassifier(LinearSVC(random_state=0)).fit(X1, y1)
print("One vs all cost= %f" % clsAll.score(X,y))
print("One vs one cost= %f" % clsOne.score(X1,y1))
```

我们可以观察到如下输出：

```
One vs all cost= 0.947400
One vs one cost= 0.949200
```

5.4 正则化

我们之前提到过，线性回归可能会变得不稳定，也就是说，如果特征是相关的，则对训练数据中的微小变化高度灵敏，考虑一种极端情况，即两个特征是完全负相关的，也就是说，当一个特征值的任何增加，都会伴随着另一个特征值相等程度的减少。当我们对这两个特征应用线性回归算法时，将会得出结果为常数的函数，因此就无法对数据进行任何预测。相反，如果特征是正相关，则特征的微小变化将会被放大。正则化有助于缓和这一问题。

我们之前看到，增加了多项式后，我们的假设对训练数据的拟合更为逼近。当我们增加这些项后，函数的图形也变得更为复杂，而且通常会导致假设对训练数据的过拟合，并且对测试数据表现不佳。当我们增加了特征后，无论是直接来自数据，还是我们自己进行派生，都会使模型对数据变得更有可能过拟合。一种解决方法是去除我们认为不重要的特征。然而，我们无法事先确定，哪些特征会包含有意义的信息。更好的方法不是去除特征，而是对其进行收缩。既然我们无法知道特征包含了多少信息，那么可以采用正则化来减少所有参数的幅度。

我们可以在代价函数中简单地加入一项，如下所示：

$$J_w = \frac{1}{2m}\sum_{i=1}^{m}(h_w(x^{(i)}) - y^{(i)})^2 + \lambda\sum_{j=1}^{n} w_j^2$$

超参数 λ 控制着在两个目标之间的权衡——拟合训练数据的需要，以及为避免过拟合而要保持参数较小的需要。我们不用对偏置特征使用正则化参数，因此可以在修正规则中分离第一个特征，然后对所有后续特征增加正则化参数。如下所示：

$$\text{重复直到收敛}\left\{ w_j := w_j - \alpha\frac{1}{m}\sum_{i=1}^{m}(h_w(x^{(i)}) - y^{(i)})x_0^{(i)} \right.$$

$$\left. w_j := w_j - \alpha\frac{1}{m}\sum_{i=1}^{m}(h_w(x^{(i)}) - y^{(i)})x_j^{(i)} + \frac{\lambda}{m}w_j \right\}$$

这里，我们增加了正则项 $\lambda w_j/m$。为了更清晰，我们可以将 w_j 从被包含的项中提出，这样得到如下修正规则：

$$w_j := w_j\left(1 - \alpha\frac{\lambda}{m}\right) - \alpha\frac{1}{m}\sum_{i=1}^{m}(h_w(x^{(i)}) - y^{(i)})x_j^{(i)}$$

正则化参数 λ 通常是比 0 略大一点的数。为了达到期望的效果，可以设 $\alpha\lambda/m$ 为略小于 1 的数。这将会在每一次迭代中缩小 w_j。

现在，对正规方程应用正则化，方程如下：

$$w = (X^T X + \lambda I)^{-1} X^T y$$

这有时被称为闭式解（closed form）。上式中增加了乘以正则化参数的单位矩阵 I。单位矩阵是 $(n + 1)$ 行 $(n + 1)$ 列的矩阵，主对角线元素为 1，其余为 0。

在某些实现中，可能会设单位矩阵左上角的第一个元素为 0，以表示不对第一个偏置特征应用正则化参数。然而，在实践中，这并不会给模型带来多大差异。

当用单位矩阵乘以正则化参数后，我们得到一个主对角线均为 λ，其余均为 0 的矩阵。这样就能保证，即使特征比训练样本更多，也能够对矩阵 $X^T X$ 求逆。这也能使模型在具有相关变量的情况下更为稳定。这种回归的形式有时也称为岭回归（ridge regression），我们在第 2 章中已了解过其实现。岭回归的一种有趣的变体是套索回归

（lasso regression）。套索回归用$\sum_i |w_i|$代替了岭回归中的正则化项$\sum_i w_i^2$。也就是用权重的均值和代替了平方和。其结果就是一些权重被设为0，而其他的权重被缩小。套索回归倾向于对正则化参数十分灵敏。与岭回归不同，套索回归没有闭式解，因此需要采用其他形式的数值优化。岭回归有时被称为使用L2范数（L2 norm）的正则化，套索回归是使用L1范数（L1 norm）的正则化。

最后，我们将了解如何对logistic回归应用正则化。与线性回归一样，如果假设函数包含高阶项或大量特征时，logistic回归也可能存在同样的过拟合问题。我们可以在logistic回归的代价函数中加入正则化参数，如下所示：

$$J_w = -\left[\frac{1}{m}\sum_{i=1}^{m} y^{(i)} log h_w(x^{(i)}) + (1 - y^{(i)}) log(1 - h_w(x^{(i)}))\right] + \frac{\lambda}{2} m \sum_{j=1}^{n} w_j^2$$

为了对logistic回归实现梯度下降，我们最终所得到的方程与对线性回归所用的梯度下降方程在表面上看起来一样。然而，我们必须记住这一假设函数是用于logistic回归的。

$$w_j := w_j - \alpha \frac{1}{m}\sum_{i=1}^{m}(h_w(x^{(i)}) - y^{(i)})x_j^{(i)} + \frac{\lambda}{m} w_j$$

使用该假设函数，可得到下式：

$$h_w(x) = \frac{1}{(1 + e^{-W^T}x)}$$

5.5 总结

在本章中，我们研究了一些机器学习中最为常用的技术。我们对线性回归和logistic回归建立了假设表示。了解了如何建立度量假设对训练数据表现的代价函数，以及如何为了拟合参数而通过梯度下降或正规方程对代价函数进行最小化。我们还展示了如何通过在假设函数中使用多项式，来让假设函数对非线性数据进行拟合。最后，我们了解了正则化及其用法，以及如何将其应用于logistic回归和线性回归。

这些强大的技术被广泛应用于大量不同的机器学习算法中。然而，正如你可能意识到的，这还远远不够。到目前为止，我们所见过的模型，通常需要人工干预才能有效用。例如，我们必须设置超参数（学习速率或正则化参数），而在非线性数据的情况下，我们必须试图发现合适的多项式，用于强制假设对数据拟合。对这些人工干预通常很难做出确切的决定，尤其是具有许多特征时。在下一章中，我们将了解驱动了世界上最强大的学习算法的思想，那就是神经网络。

CHAPTER 6

第6章

神经网络

顾名思义，人工神经网络所基于的算法，是模仿神经元在大脑中的工作方式。早于20世纪40年代，其概念性工作就已经展开了，但是直到近些年，人们才对其获得了一些重要理解，并且拥有了能够运行这些计算成本高昂的模型的硬件，由此才有了神经网络的实际应用。神经网络现在是高精尖技术，是许多高端机器学习应用的核心。

在本章，我们将介绍如下主题：

- Logistic 单元
- 神经网络的代价函数
- 神经网络的实现
- 其他神经网络架构

6.1 神经网络入门

在上一章中，我们了解了如何通过在假设函数中加入多项式来创建非线性决策边界。我们还可以在线性回归中采用这一技术来拟合非线性数据。然而，由于一些原因，这并不是最理想的方法。首先，我们必须对多项式进行选择，而对于复杂的决策边界，这可能是个不精确又费时的过程，需要相当多的试验和试错。我们还需要考虑，特征的数量非常大时将会如何。这会使准确理解所加入的多项式如何来改变决策边界变得很困难。这也意味着派生特征的数量可能会以指数方式增长。为了拟合复杂的边界，我们需要很多高阶项，我们的模型将会变得笨重、计算昂贵，并难以理解。

例如计算机视觉这样的应用，在灰度图像中，每个像素是一个值域为0到255的特征。对于一个很小的图像，例如100×100像素，有10 000个特征。如果只采用二次方项的话，最终可能会有约5000万个特征，而为了拟合复杂边界，我们可能需要三次方和更高阶的项。显然，这样的模型完全不可用。

当我们试图以模拟大脑的方式来解决这一问题时，会面临很多困难。就大脑所做的所有不同的事情而言，我们首先可能会认为，大脑是由许多不同的算法组成的，每个算法都专注于特定任务，并且都固定连接在大脑的不同部分。这基本上可以认为大脑具有许多子系统，每个子系统有其自己的程序和任务。例如，接收声音的听觉皮层有其自己的算法，对接收到的声波进行傅里叶变换以检测基音。另一方面，视觉皮层具有其独特的算法，对来自视觉神经的信号进行解码和转换，变成视觉。然而，越来越多的证据表明，大脑完全不是这样工作的。

最近的动物实验显示出大脑组织具有显著的适应性。科学家们将动物的视觉神经重新连接到听觉皮层上，发现大脑可以学会用听觉皮层的组织来看。尽管这些动物的视觉皮层已经被绕过去了，但是经过测试发现它们仍然具有完整的视觉。这表明无论是哪一部分的大脑组织，都能够重新学习如何来解释其输入。因此，大脑并非是由执行特定任务的专用子系统组成，这些子系统是使用相同的算法来学习不同任务的。这种单一算法的方式具有许多优点，至少是相对容易实现的。这也意味着，我们可以创建一般化模型，然后训练这些模型来执行特殊化任务。就像在真正的大脑中一样，使用单一算法来描述每个神经元如何来与其他周围的神经元进行通信，这就能让人工神经网络具有适应性，能够执行多种高级任务。但是，这种单一算法的性质是什么呢?

当试图模拟真正大脑的功能时，我们被迫进行了大量的简化。例如，我们无法顾及大脑化学状态的作用，或大脑在不同发展和成长阶段的状态。大多数神经网络模型目前采用了人工神经元或单元的离散层，这些神经元在有序的线性序列或层中连接。而大脑则由许多复杂的、嵌套的和相互连接的神经回路组成。对这些复杂反馈系统的模拟已经取得了一些进展，我们将在本章结束时介绍。然而，这还是不足以让我们知道真正的大脑行为，并将这种复杂行为应用于人工神经网络。

6.2 logistic 单元

作为出发点，我们采用在神经元简化模型基础上的 logistic 单元的思想。logistic 单元由一组输入和输出以及一个激活函数组成。激活函数本质上是对一组输入进行运算，然后给出输出。这里，我们采用 sigmoid 函数作为激活函数，我们在上一章的 logistic 回归中也采用了此函数：

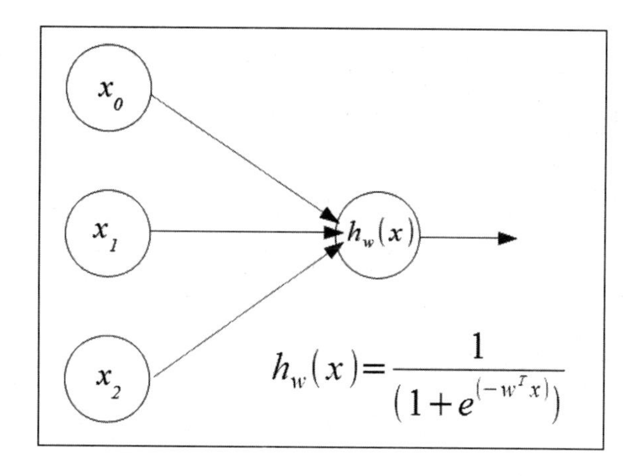

这里，我们有两个输入单元，x_1 和 x_2，以及一个偏置单元 x_0，偏置单元设为 1。这些都被输入到一个假设函数中，假设函数使用了 sigmoid logistic 函数和一个权重向量 w，权重向量对假设函数进行了参数化。如下内容是由二进制值所组成的特征向量和前例中所用的参数向量：

$$x_0 = 1 \qquad W_0$$
$$x = x_1 \qquad W = W_1$$
$$x_2 \qquad W_2$$
$$x_3 \qquad W_3$$

我们以逻辑运算为例，为了解模型如何来执行逻辑函数，我们需要为其设定一些权重。我们可以将假设函数写为 sigmoid 函数 g 和我们设定的权重。首先，我们需要选择一些权重。我们之后将了解如何训练模型来学习自己设定权重。而现在则假设已经设定了权重，这样我们就可以得到如下的假设函数：

$$h_w(x) = g(-15 + 10_{x_1} + 10_{x_2})$$

我们对模型输入一些简单的有标签数据，并且构造一个真值表：

x_1	x_2	y	$h_w(x)$
0	0	1	$g(-15) \approx 0$
0	1	0	$g(-5) \approx 0$
1	0	0	$g(-5) \approx 0$
1	1	1	$g(5) \approx 1$

尽管这些数据显得相对简单，但是用来分离类型的决策边界并不简单。我们的目标变量 y，是输入变量的逻辑 XNOR。只有当 x_1 和 x_2 同为 0 或 1 时，输出为 1。

这里，我们的假设所给出的是逻辑 AND。也就是当 x_1 和 x_2 都为 1 时返回 1。通过将权重设定为其他值，我们可以得到能形成其他逻辑函数的单一人工神经元。

下式可以得到逻辑 OR 函数：

$$h_w = -5 + 10x_1 + 10x_2$$

为执行 XNOR 运算，我们需要结合运用 AND、OR 和 NOT 函数。为执行否定，也就是逻辑 NOT，只需要对我们想要否定的输入变量选择较大的负权重即可。

将 logistic 单元连接在一起就形成了人工神经网络。这些网络由一个输入层、一个或多个隐含层，以及一个输出层组成。每个单元具有一个激活函数，这里是 sigmoid 函数，并且由权重矩阵 W 进行了参数化：

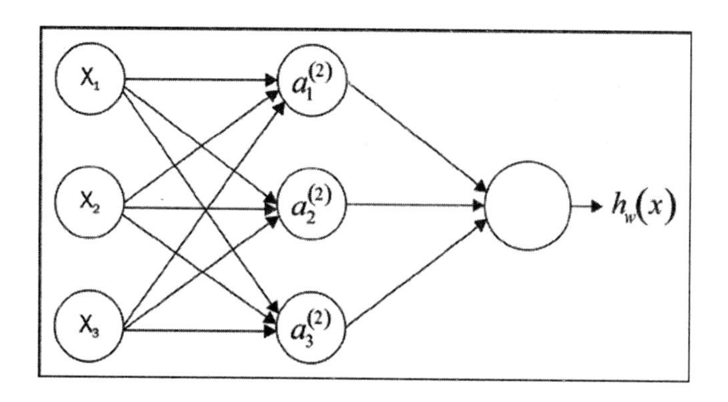

我们可以写出隐含层的每个单元的激活函数：

$$a_1^{(2)} = g(W_{10}^{(1)}x_0 + W_{11}^{(1)}x_1 + W_{12}^{(1)}x_2 + W_{13}^{(1)}x_3)$$
$$a_2^{(2)} = g(W_{20}^{(1)}x_0 + W_{21}^{(1)}x_1 + W_{22}^{(1)}x_2 + W_{23}^{(1)}x_3)$$
$$a_3^{(2)} = g(W_{30}^{(1)}x_0 + W_{31}^{(1)}x_1 + W_{32}^{(1)}x_2 + W_{33}^{(1)}x_3)$$

对于输出层的激活函数如下所示：

$$h_w(x) = a_1^{(3)} = g(W_{10}^{(2)}a_0^{(2)} + W_{11}^{(2)}a_1^{(2)} + W_{12}^{(2)}a_2^{(2)} + W_{13}^{(2)}a_3^{(2)})$$

一般而言，我们可以认为从指定层 j 到 $j+1$ 层映射的函数取决于参数矩阵 W^j。上标 j 表示第 j 层，下标 i 标记了该层中的单元。我们标记参数或权重矩阵为 $W^{(j)}$，其控制了由 j 层到 $j+1$ 层的映射。我们用其矩阵索引作为下标来标记单个权重。

注意，每一层的参数矩阵的维度是下一层中单元的数量乘以本层单元的数量再加 1，其中 1 对应于 x_0，即偏置层。更为正式的说法是，我们可以将指定层 j 的参数矩阵的维度写为：

$$d_{(j+1)} \times d_j + 1$$

$d_{(j+1)}$ 是指 j 层的下一层的单元数量，d_j 是本层的单元数量。

现在，我们看看如何使用向量实现来计算这些激活函数。通过定义一个新的项 Z，我们可以将这些函数写得更为紧凑，Z 是指定层每个单元的输入值的加权线性组合。示例如下：

$$a^{2}_{(1)} = g(Z^{(2)}_{1})$$

我们只是用一个函数 Z 替换了激活函数内的所有项。这里的上标 (2) 表示层数，下标 1 标识了该层的单元。因此，一般而言，定义 j 层激活函数的矩阵如下所示：

$$\begin{aligned} &= Z^{(j)}_{1} \\ Z^{(j)} &= Z^{(j)}_{2} \\ &\cdots \\ &= Z^{(j)}_{n} \end{aligned}$$

因此，对于三个层的例子来说，可以将输出层定义为：

$$h_{w}(x) = a^{(3)} = g(z(3))$$

我们可以先了解这一个隐含层的三个单元，以及它们如何将其输入映射为输出层那一个单元的输入。我们可以看到，这就是对特征集 $a^{(2)}$ 执行 logistic 回归。其不同之处就在于，隐含层的输入特征是隐含层自己计算而来的，采用了从输入层的原始特征学习到的权重。通过隐含层，我们可以开始对更复杂的非线性函数进行拟合。

我们可以通过如下神经网络架构来解决 XNOR 问题：

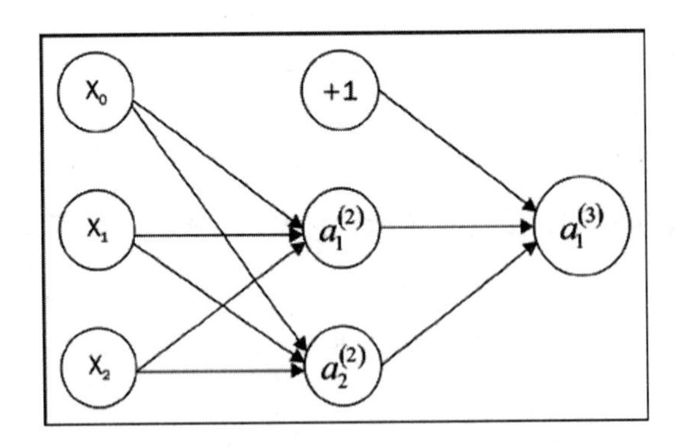

这里，在输入层有三个单元，在唯一的隐含层有两个单元外加一个偏置单元，在输出层有一个单元。隐含层的第一个单元（不包括偏置单元）执行逻辑函数 x_1 *AND* x_2，第二个单元执行函数 (*NOT* x_1) ***AND*** (***NOT*** x_2)，最后由输出层执行 *OR* 函数。我们可以对它们设定权重。

激活函数如下所示：

$$a_1^{(2)} = g(-15x_0 + 10x_1 + 10x_2)$$
$$a_2^{(2)} = g(10x_0 + 20x_1 - 20x_2)$$
$$a_1^{(3)} = g(-5x_0 + 10x_1 + 10x_2)$$

该神经网络的真值表如下所示：

x_1	x_2	$a_1^{(2)}$	$a_2^{(2)}$	$h_w(x)$
0	0	0	1	1
0	1	0	0	0
1	0	0	0	0
1	1	1	0	1

对于执行多分类任务，我们使用的神经网络架构是，每个要进行分类的类别对应一个输出单元。该网络输出一个二进制值的向量，其中 1 表示对应类型的出现。这一输出变量是一个 i 维向量，其中 i 是输出类型的数量。例如，四个特征的输出空间如下所示：

$$y^{(1)} = \begin{matrix}1\\0\\0\\0\end{matrix};\quad y^{(2)} = \begin{matrix}0\\1\\0\\0\end{matrix};\quad y^{(3)} = \begin{matrix}0\\0\\1\\0\end{matrix};\quad y^{(4)} = \begin{matrix}0\\0\\0\\1\end{matrix}$$

我们的目标是定义一个假设函数，与这四个向量中的一个大致相等：

$$h_w(x) \approx y^{(i)}$$

本质上，这是一种一对所有的表现。

我们可以通过层的数量 L 和每一层单元的数量 S_i 来描述神经网络的架构，其中下标 i 表示哪一层。方便起见，我们定义变量 t，表示 $l+1$ 层的单元数量，其中 $l+1$ 是前向层，也就是图中右边的层。

6.3 代价函数

为了对给定训练集拟合神经网络的权重，我们首先需要定义代价函数：

$$J_w = \frac{-1}{m}\left[\sum_{i=1}^{m}\sum_{k=1}^{k} y_k^{(i)} log(h_w(x^{(i)}))_k + (1 - y_k^{(i)}) log(1 - (h_w(x^{(i)}))_k) + \frac{\lambda}{2}m\sum_{l=1}^{L-1}\sum_{i=1}^{s}\sum_{j=1}^{t}(W_{jt}^{(l)})^2\right.$$

这和我们在 logistic 回归中所采用的代价函数非常相似，除了还要对 k 个输出单元进行求和。在正则化项中采用的三重求和看起来有些复杂，但实际上就是对参数矩阵的每一项进行求和，并以此计算正则化参数。注意，在求和中的 l、i 和 j，都是从 1 开始，而不是 0；这反映了没有对偏置单元进行正则化。

代价函数最小化

既然有了代价函数，我们需要找出一种方式来对其进行最小化。如果使用梯度下降，则需要计算偏导数以求得代价函数的斜率。这可以采用反向传播（back propagation）算法。之所以称其为反向传播，是因为该算法先从计算输出层的误差开始，然后再依次计算前一层的误差。我们可以使用这些由代价函数计算得出的导数来求解神经网络中每个单元的参数值。为此，我们需要定义如下误差项：

$$\delta_j^{(l)} = l \text{ 层 } j \text{ 节点的误差}$$

在这个例子中，我们假设共有三层，包括输入层和输出层。输出层的误差可以表示为：

$$\delta_j^{(3)} = a_j^{(3)} - y_j = h_w(x) - y_j$$

最后一层的激活函数等价于我们的假设函数，可以采用简单的向量减法来计算假设函数预测值和训练集实际值之间的差。一旦得出输出层的误差，我们就能够通过反向传播来求出前一层的误差，即 delta 值：

$$\delta^{(2)} = (W^{(2)})^T\delta^{(3)} \cdot * g'(z^{(2)})$$

这样可以计算出第二层的误差。我们用第二层的参数向量的转置乘以第三层的误差向量。然后用以符号 * 表示的 Hadamard 乘法，乘以激活函数 g 的导数，g 的输入值为 $z^{(3)}$。我们可以通过下式来计算导数项：

$$g'(z^{(3)}) = a^{(3)} \cdot * (1 - a^{(3)})$$

如果了解微积分，则上式的推导过程相当容易，但就我们的目的而言，并不打算深入讲解。如果有多个隐含层，可以通过完全相同的方式来计算每个隐含层的 delta 值，即使用参数向量、前向层的 delta 向量，以及当前层激活函数的导数来进行计算。对第一层无需计算 delta 值，因为第一层只是特征本身，不存在误差。最后，通过相当复杂的数学推导，可以写出忽略了正则化的代价函数的导数，如下所示：

$$\frac{\partial}{[\partial W_{ij}^{(l)}]} J(W) = a_j^{(l)} \delta_i^{(l+1)}$$

通过采用反向传播计算出 delta 项，我们可以求出每个参数值的偏导数。现在，我们来看看如何将其应用于训练样本数据集。我们需要定义大写 delta 符号 Δ 为 delta 项矩阵，其维度为 $l{:}i{:}j$。Δ 将作为 delta 值的累加器，在算法对每个训练样本进行循环遍历时，可以来累计神经网络每个节点的 delta 值。在每次循环中，对每个训练样本要执行如下操作：

- 将第一层的激活函数设为 x 的每个值，也就是输入特征值。
- 依次对每一层执行前向传播，直到输出层为止，来计算每一层的激活函数。
- 在输出层计算 delta 值，并开始反向传播过程。这与我们在前向传播所执行的过程类似，只不过方向相反。因此，对于输出层，也就是例子中的第三层，可以描述为下式：

$$\delta^{(3)} = a^{(3)} - y^{(i)}$$

要记得所有这些都发生在一次循环中，一次只处理一个训练样本；$y^{(i)}$ 表示第 i 个训练样本的目标值。现在，我们可以采用反向传播算法来计算前面那些层的 delta 值。通过采用修正规则，可以将这些值增加到累加器中：

$$\Delta_{(ij)}^{(l)} := \Delta_{(ij)}^{(l)} + a_j^{(l)} \delta^{(l+1)}$$

可以用向量化形式来表示上式，一次性修正所有训练样本：

$$\Delta^{(l)} := \Delta^{(1)} + \delta^{(l+1)}(a^{(l)})^T$$

然后，加入正则化项：

$$\Delta^{(i)} := + \Delta^{(i)} + \lambda^{(i)}$$

最后，通过执行梯度下降可以修正权重：

$$W^{(l)} := W^{(l)} - \alpha\Delta^{(l)}$$

其中的 α 是学习速率，即超参数，可将其设为 0 到 1 之间的一个较小的数。

6.4 神经网络的实现

我们还需要考虑一件事，那就是权重的初始化。如果将其初始化为 0，或者都是相同的数量，在前向层的所有单元都会对输入计算相同的函数，这就使得计算高度冗余，而且无法对复杂数据进行拟合。本质上，我们所需要做的正是要打破这种对称性，赋予每个单元一个略有不同的起点，这实际上就是允许神经网络创造出很多更有意思的功能。

现在来看看如何通过编码实现。这些代码是 Sebastian Raschka 编写的，取自于他的优秀著作《Python Machine Learning》由 Packt 出版社出版。

```
import numpy as np
from scipy.special import expit
import sys


class NeuralNetMLP(object):

    def __init__(self, n_output, n_features, n_hidden=30,
                 l1=0.0, l2=0.0, epochs=500, eta=0.001,
                 alpha=0.0, decrease_const=0.0, shuffle=True,
                 minibatches=1, random_state=None):

        np.random.seed(random_state)
        self.n_output = n_output
        self.n_features = n_features
```

```
        self.n_hidden = n_hidden
        self.w1, self.w2 = self._initialize_weights()
        self.l1 = l1
        self.l2 = l2
        self.epochs = epochs
        self.eta = eta
        self.alpha = alpha
        self.decrease_const = decrease_const
        self.shuffle = shuffle
        self.minibatches = minibatches

    def _encode_labels(self, y, k):

        onehot = np.zeros((k, y.shape[0]))
        for idx, val in enumerate(y):
            onehot[val, idx] = 1.0
        return onehot

    def _initialize_weights(self):
        """Initialize weights with small random numbers."""
        w1 = np.random.uniform(-1.0, 1.0, size=self.n_hidden*(self.n_
features + 1))
        w1 = w1.reshape(self.n_hidden, self.n_features + 1)
        w2 = np.random.uniform(-1.0, 1.0, size=self.n_output*(self.n_
hidden + 1))
        w2 = w2.reshape(self.n_output, self.n_hidden + 1)
        return w1, w2

    def _sigmoid(self, z):

        # return 1.0 / (1.0 + np.exp(-z))
        return expit(z)

    def _sigmoid_gradient(self, z):
        sg = self._sigmoid(z)
        return sg * (1 - sg)

    def _add_bias_unit(self, X, how='column'):

        if how == 'column':
```

```
            X_new = np.ones((X.shape[0], X.shape[1]+1))
            X_new[:, 1:] = X
        elif how == 'row':
            X_new = np.ones((X.shape[0]+1, X.shape[1]))
            X_new[1:, :] = X
        else:
            raise AttributeError('`how` must be `column` or `row`')
        return X_new

    def _feedforward(self, X, w1, w2):

        a1 = self._add_bias_unit(X, how='column')
        z2 = w1.dot(a1.T)
        a2 = self._sigmoid(z2)
        a2 = self._add_bias_unit(a2, how='row')
        z3 = w2.dot(a2)
        a3 = self._sigmoid(z3)
        return a1, z2, a2, z3, a3

    def _L2_reg(self, lambda_, w1, w2):
        """Compute L2-regularization cost"""
        return (lambda_/2.0) * (np.sum(w1[:, 1:] ** 2) + np.sum(w2[:, 1:]
** 2))

    def _L1_reg(self, lambda_, w1, w2):
        """Compute L1-regularization cost"""
        return (lambda_/2.0) * (np.abs(w1[:, 1:]).sum() + np.abs(w2[:,
1:]).sum())

    def _get_cost(self, y_enc, output, w1, w2):

        term1 = -y_enc * (np.log(output))
        term2 = (1 - y_enc) * np.log(1 - output)
        cost = np.sum(term1 - term2)
        L1_term = self._L1_reg(self.l1, w1, w2)
        L2_term = self._L2_reg(self.l2, w1, w2)
        cost = cost + L1_term + L2_term
        return cost

    def _get_gradient(self, a1, a2, a3, z2, y_enc, w1, w2):
```

```
        # backpropagation
        sigma3 = a3 - y_enc
        z2 = self._add_bias_unit(z2, how='row')
        sigma2 = w2.T.dot(sigma3) * self._sigmoid_gradient(z2)
        sigma2 = sigma2[1:, :]
        grad1 = sigma2.dot(a1)
        grad2 = sigma3.dot(a2.T)

        # regularize
        grad1[:, 1:] += (w1[:, 1:] * (self.l1 + self.l2))
        grad2[:, 1:] += (w2[:, 1:] * (self.l1 + self.l2))

        return grad1, grad2

    def predict(self, X):

        if len(X.shape) != 2:
            raise AttributeError('X must be a [n_samples, n_features]
array.\n'
                                 'Use X[:,None] for 1-feature
classification,'
                                 '\nor X[[i]] for 1-sample
classification')

        a1, z2, a2, z3, a3 = self._feedforward(X, self.w1, self.w2)
        y_pred = np.argmax(z3, axis=0)
        return y_pred

    def fit(self, X, y, print_progress=False):

        self.cost_ = []
        X_data, y_data = X.copy(), y.copy()
        y_enc = self._encode_labels(y, self.n_output)

        delta_w1_prev = np.zeros(self.w1.shape)
        delta_w2_prev = np.zeros(self.w2.shape)

        for i in range(self.epochs):

            # adaptive learning rate
```

```
            self.eta /= (1 + self.decrease_const*i)

            if print_progress:
                sys.stderr.write('\rEpoch: %d/%d' % (i+1, self.epochs))
                sys.stderr.flush()

            if self.shuffle:
                idx = np.random.permutation(y_data.shape[0])
                X_data, y_data = X_data[idx], y_data[idx]

            mini = np.array_split(range(y_data.shape[0]), self.
minibatches)
            for idx in mini:

                # feedforward
                a1, z2, a2, z3, a3 = self._feedforward(X[idx], self.w1,
self.w2)
                cost = self._get_cost(y_enc=y_enc[:, idx],
                                      output=a3,
                                      w1=self.w1,
                                      w2=self.w2)
                self.cost_.append(cost)

                # compute gradient via backpropagation
                grad1, grad2 = self._get_gradient(a1=a1, a2=a2,
                                                  a3=a3, z2=z2,
                                                  y_enc=y_enc[:, idx],
                                                  w1=self.w1,
                                                  w2=self.w2)

                delta_w1, delta_w2 = self.eta * grad1, self.eta * grad2
                self.w1 -= (delta_w1 + (self.alpha * delta_w1_prev))
                self.w2 -= (delta_w2 + (self.alpha * delta_w2_prev))
                delta_w1_prev, delta_w2_prev = delta_w1, delta_w2

        return self
```

现在，我们来将此神经网络应用于iris样本数据集。该数据集含有三个类型，因此我们将n_output参数（输出层的数量）设为3。X.shape[1]是特征数量。创建50个隐含层和 100 次训练，每一次训练是遍历所有训练集的一个完整循环。这里，将学习速率 alpha 设为 .001，然后绘图显示对应各训练次数的代价：

```
iris = datasets.load_iris()
X=iris.data
y=iris.target
nn= NeuralNetMLP(3, X.shape[1],n_hidden=50, epochs=100, alpha=.001)
nn.fit(X,y)
plt.plot(range(len(nn.cost_)),nn.cost_)
plt.show()
```

输出如下：

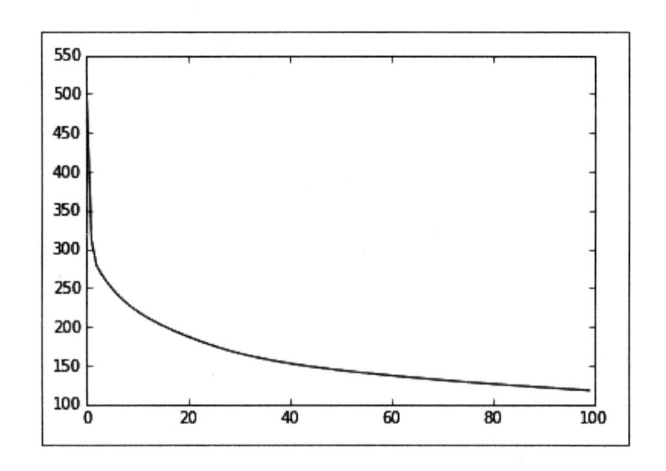

上图显示了每次训练的代价在下降。为了感知模型是如何工作的，我们可以花些时间用不同数据集和各种输入参数来进行体验。MNIST 数据集经常被用来测试多分类问题，可以从 http://yann.lecun.com/exdb/mnist/ 获取。该数据集由 60 000 余个手写字母图像及其标签组成，经常被作为机器学习算法的基准。

6.5 梯度检验

反向传播和一般的神经网络有些难以进行概念化。因此，改变模型的（超）参数会如何影响输出，通常不是那么容易理解。此外，对于不同的实现，都应该能得出正确的结果，也就是说，在梯度下降的每一级，代价函数都在减小。然而，对于任何复杂的软件，都存在隐藏的缺陷，可能只有在极为特定的条件下才会表现出来。梯度检验（gradient checking）有助于排除这些缺陷。这是一种近似计算梯度的数值型方法，我们可以通过下图直观理解：

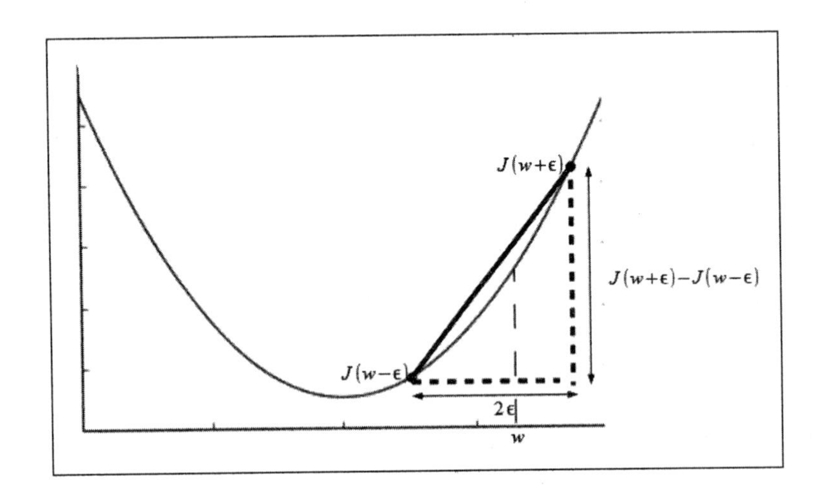

$J(w)$ 对 w 的导数，近似为：

$$\frac{d}{dw}J(w) \approx \frac{(J(w+\in)-J(w-\in))}{(2\in)}$$

当参数为单一值时，上式可以近似计算出导数。而我们需要对代价函数计算这些导数，其中的权重是向量。我们可以依次对每个权重求偏导，示例如下：

$$w=[w_1, w_2, \cdots, w_n]$$

$$\frac{\partial}{(\partial w_n)}J(w)=J(w_1+\in, w_2, \cdots, w_n)-J(w_{-\in}, w_2, \cdots, w_n)$$

$$\frac{\partial}{(\partial w_n)}J(w)=J(w_1, w_2, \cdots, w_n+\in)-J(w, w_2, \cdots, w_n-\in)$$

6.6 其他神经网络架构

在神经网络模型领域，甚至是机器学习领域，大量最为重要的工作都在使用非常复杂的、具有很多层和特征的神经网络。这种方法通常被称为深度架构（deep architecture）或深度学习。没有机器能够匹配人类和动物的学习速度和深度。许多生物学习的元素仍然富有神秘感。对象识别是最关键的研究领域之一，也是最有用的实际应用之一。对象识别对于生物系统来说是十分基本的能力，高级动物已经进化了非凡的能力，可以学习对象之间的复杂关系。生物的大脑有很多层；每个突触事件都存在于突触过程的长链中。为了识别复杂对象，例如人脸或手写数字，所需要的一项基本任务是，建立从原始输入到更高抽象级别的表示层级。其目标是，将原始数据，例如一组像素值，转换为我们能够描述的事物，例如骑自行车的人。解决这类问题的一种方法是采用稀疏表示，即建立更高维度的特征空间，其中有很多特征，但只有很少的特征具有非 0 值。这种方法很有吸引力，因为特征在更高维度的特征空间内可能变得更为线性可分离。此外，在特定模型中，稀疏性被证明有助于让训练更有效率，并有助于从嘈杂数据中提取信息。我们在下一章将更详细地探讨这一思想，以及特征提取的一般性概念。

另一种有意思的思想是循环神经网络（recurrent neural networks）或 RNNs。RNNs 和我们目前为止所讨论的前馈网络在很多方面都大不相同。不同于在输入和输出之间的简单静态映射，RNNs 至少有一个反馈循环路径。RNNs 在网络中引入了时间因素，因为单元的输入可能包含早些时候接收于反馈回路的输入。所有生物的神经网络都是高度循环的。人工 RNNs 在诸如语音或手写体识别等领域都彰显了其能力。一般来说，RNNs 难以训练，因为我们不能简单地反向传播误差。我们不得不考虑这类系统的时间因素，及其动态和非线性特性。RNNs 将会是今后研究的一个十分有意思的领域。

6.7 总结

在本章中，我们介绍了人工神经网络的强大的机器学习算法。我们了解了这些网络是如何由大脑神经元模型简化而来的。它们能够执行复杂的学习任务，例如学习高度非线性的决策边界，通过人工神经元层或单元从有标签数据中学习新特征。在下一章中，我们将了解对任何机器学习算法而言都是关键要素的特征。

CHAPTER 7

第 7 章

特征——算法眼中的世界

到目前为止，我们已经对特征的创建、抽取或其他操作给出了一些方法和理由。在本章中，我们将深入讨论这一主题。正确的特征，有时也称为属性（attributes），是机器学习模型的核心组成。模型成熟，但使用了错误的特征，依然是毫无价值的。特征是应用看待世界的途径。除了最简单的任务，在输入到模型之前，需要对特征进行处理。对于特征的处理，有很多有趣的方式，并且这绝对是值得用一整章去讨论的重要主题。

只有在近十年左右，机器学习模型才经常使用成千上万或更多的特征。这就允许我们去解决很多不同的问题，例如那些特征集比样本数量还要大的问题。遗传分析和文本分类是其中两个典型的应用。对于遗传分析，我们的变量是基因表达系数（gene expression coefficients）集合。基于组织活检样本中出现的 mRNA 的数量，可以得到这些变量。可以执行分类任务来预测患者是否患有癌症。在这个例子中，训练样本和测试样本的数量总和可能都不会超过 100。而另一方面，原始数据中变量的数量范围可能在 6 000 到 60 000 之间。这不仅会带来大量的特征，还意味着特征的值域也相当大。本章将包含如下主题：

- 特征的类型
- 运算和统计
- 结构化特征

- ❑ 特征变换
- ❑ 主成分分析

7.1 特征的类型

特征有三种不同类型：定量特征、有序特征和分类特征。我们还可以认为有第四种特征类型，即布尔型特征。虽然布尔型实际上是一种分类特征，但还是具有一些独特的性质。可以根据特征所传递的信息量对这些类型进行排序，其中定量特征信息量最高，之后依次是有序特征、分类特征和布尔型特征。

我们来看看下表中的分析：

特征类型	顺序	尺度	趋势	离差	形态
定量特征	有	有	平均数	极差、方差和标准差	偏度、峰度
有序特征	有	无	中位数	分位数	不适用
分类特征	无	无	众数	不适用	不适用

上表显示了三种特征类型的统计特性。在表中，每一行的特征都继承或包含了下一行特征的统计特性。例如，定量特征的集中趋势测度除了对应表格所列的平均数外，还包括中位数和众数。

7.1.1 定量特征

定量特征的显著特点是其连续性，并通常会被映射为实数。在通常情况下，定量特征的值可以映射为实数的子集，例如，用年来表示的年龄；然而，在计算诸如平均数或标准差等统计特性时，采用全尺度必须要特别小心。因为定量特征的数值尺度是具有含义的，且常用于几何模型中。在树状模型中，定量特征可用于二分裂，例如，当特征值大于阈值时，分裂到一个子节点，小于或等于阈值时，分裂到另一子节点。树状模型对于尺度的单调变换并不敏感，也就是说，变化并不改变特征值的顺序。例如，对于树状模型而言，以厘米或英寸度量长度，或者采用对数或线性尺度，都不会产生影响，我们只需要将阈值变为相同尺度即可。树状模型会忽略定量特征的尺度，将其视为有序特征。这对于基于规则的模型而言，也同样如此。对于概率模型，例如朴素贝叶斯分类器，定量特征需要被离散化为有限数量的箱，并因此而转换为分类特征。

7.1.2 有序特征

有序特征具有明确的顺序，但是没有尺度。有序特征可以被编码为整数值，但是这样并不意味着具有任何尺度。门牌号码是一个典型的例子。我们可以根据门牌号码上的数字来识别房屋在街道上的位置。我们可以假设门牌号码 1 排在 20 之前，号码是 10 和 11 的房屋彼此相邻。但是，这些数字的大小并不表示任何尺度，例如，没有理由相信 20 号房屋会比 1 号房屋大。有序特征的域是完全有序集合，例如字符或字符串集合。因为有序特征缺少线性尺度，所以对其进行加减没有任何意义。因此对有序特征进行平均等运算，通常没有意义，这类运算不会产生任何与特征有关的信息。在树状模型中，有序特征与定量特征类似，可用于二分裂中。一般而言，有序特征并不易于在大多数几何模型中使用。例如，线性模型总是假设特征空间为欧氏实例空间，其中特征值被视为笛卡儿坐标。对于基于距离的模型而言，我们可以使用有序特征，但需要将其编码为整数，而它们之间的距离仅仅表示其差异。这有时被称为海明距离（hamming distance）。

7.1.3 分类特征

分类特征有时也称为名义特征（nominal features），不具有任何顺序或尺度，并且因此不允许进行任何除了众数之外的统计汇总，这里的众数表示了最常发生的值。分类特征通常是由概率模型来处理的；但是也可以用于基于距离的模型中，这需要采用海明距离，并将相等的值设为距离为 0，不等的值设为距离为 1。布尔型特征（Boolean feature）是分类特征的子类型，可映射为布尔值。

7.2 运算和统计

特征可以由其可行运算来定义。假设有两个特征：年龄和电话号码。尽管两者都可以使用整数来表示，但是它们代表了两种非常不同的信息类型。对于这两种特征，哪些运算有意义是显而易见的。例如，对一群人计算其平均年龄是有意义的，而计算其平均电话号码则不然。

我们可以将特征的可行计算范围称为特征的统计。这些统计描述了数据的三个不同的方面——集中趋势（central tendency）、离差（dispersion）和形态（shape）。

为了计算数据的集中趋势，通常使用以下统计中的一个或多个：平均数（均值）、中位数（有序列表的中间值）和众数（在所有值中占多数的值）。众数是唯一可用于所有数据类型的统计。对于中位数的计算，则需要特征值以某种方式有序，因此可用于有序特征或定量特征。对于平均数的计算，则要求特征值必须具有某种尺度，例如线性尺度，也就是说，只可用于定量特征。

离差最常见的计算方法是使用方差或标准差统计。方差和标准差实际上是不同尺度上的相同度量，标准差之所以有用是因为它所采用的尺度与特征本身一致。此外，平均数和中位数之间的绝对差值不会大于标准差。对于度量离差更为简单的统计是极差，即最大值和最小值之间的差。当然，我们也可以通过计算极差的中值来估计特征的集中趋势。度量离差的另一种方式是，采用诸如百分位数或十分位数作为单位，以度量小于特定值的实例比率。例如，第 p 百分位数表示有百分之 p 的实例小于该值。

形态统计的度量有一些复杂，可以采用样本中心矩（central moment）的思想来对其进行理解。其定义如下：

$$m_k = \frac{1}{n}\sum_{i=1}^{n}(x_i - \mu)^k$$

在上式中，n 是样本数量，μ 是样本平均数，k 是整数。当 $k=1$ 时，第一中心矩为 0，这就是对平均数的平均偏差，其值总是为 0。第二中心矩是对平均数的平均平方偏差，即方差。我们将偏度（skewness）定义为：

$$\frac{m_3}{\sigma^3}$$

在上式中，σ是标准差。如果该式为正值，则取值大于平均数的实例更多。绘图时，数据图形偏斜向右。当偏度为负，则相反。

峰度（kurtosis）的定义与第四中心矩类似：

$$\frac{m_4}{\sigma^4}$$

这可以显示为峰度为3的正态分布。峰度大于此值，则分布更为陡峭；峰度小于此值，则分布更为平坦。

以上，我们讨论了数据的三种类型：分类、有序和定量。

机器学习模型对不同数据类型的处理方法也大不相同。例如，决策树在分类特征上的分裂，所产生子节点的数量与特征值的数量一样多。而对于有序特征和定量特征，决策树是二分裂，每一父节点根据阈值指挥产生两个子节点。因此，树状模型会将定量特征视为有序特征，而忽略其尺度。对于诸如贝叶斯分类器（Bayes classifier）等概率模型，我们可以看到，这些模型实际上会将有序特征作为分类特征来处理，而其能够处理定量特征的唯一方式就是，将定量特征变换为有限数量的离散值，也就是将其转换为分类数据。

一般而言，几何模型要求特征是定量的。例如，线性模型采用欧氏实例空间，视特征为笛卡儿坐标，特征值之间被认为具有标量关系。使用诸如K近邻等基于距离的模型来处理分类特征时，对相等的值，可设距离为0；对不等的值，可设距离为1。同理，使用基于距离的模型来处理有序特征时，可以将两个值之间的值的个数设为其距离，这时，如果我们将特征值编码为整数，则距离就是数值的差。通过选取合理的距离度量标准，用基于距离的模型来处理有序特征和分类特征是可行的。

7.3 结构化特征

我们假设每个实例都可以表示为特征值的向量，并且由该向量来表示实例的所有相关方面。这有时被称为抽象（abstraction），因为我们用向量表示了真实世界的现象，并过滤掉了不必要的信息。例如，将托尔斯泰的全部著作表示为词频向量就是一种抽象。除了极为有限的特定应用，我们并不认为这种抽象应用广泛。采用这种抽象，我们可能只是为了了解托尔斯泰对语言的运用，或者是引出一些关于托尔斯泰著作主题和观点的信息。然而，我们不太可能是为了获得对这些著作中所刻画的19世纪俄罗斯广阔背景的深刻理解。对于人类读者或是更为成熟的算法，并不是从每个词语的计数中获得这些理解的，而是需要这些词语所属的结构。

我们可以认为结构化特征有些类似数据库编程语言中的查询，例如SQL。SQL查询可以表示变量的聚合，以完成诸如查询特定短语，或查询包含特定字符的所有段落等任务。在机器学习语境中，我们所要做的就是用这些聚合属性来创建另一种特征。

结构化特征可以创建于建模之前，或是作为模型的一部分。对于第一种情况，这一过程可以理解为是从一阶逻辑翻译为命题逻辑的过程。这种方法所存在的问题是，作为已有特征的组合，可能会导致潜在特征数量的激增。另一个重点是，在SQL中，一个子句可以覆盖另一子句的子集，结构化特征也可以有同样的逻辑关系。机器学习的一个分支运用了这一方法，特别适用于自然语言处理，称之为归纳逻辑程序设计（inductive logic programming）。

7.4 特征变换

变换特征是为了使其变得对模型更为可用。变换可以是对特征所表示的信息进行增加、减少，或改变。常见的特征变换是对特征类型的改变。其典型的例子就是二值化（binarization），也就是将一个分类特征变换为一组二进制值。另一个例子是将有序特征变为分类特征。以上两种情形都会损失信息。在第一种情形中，一个单一的分类特征的值是互斥的，而二进制表示并不能传递这一信息。在第二种情形中，则损失了顺序信息。这些变换可以被认为是归纳，因为其包含了一个定义良好的逻辑过程，除了一开始选择要进行这些变换的决策以外，这一过程不会涉及目标选择。

使用 sklearn.preprocessing.Binarizer 模块能够很容易地进行二值化。我们来看如下命令：

```
from sklearn.preprocessing import Binarizer
from random import randint
bin=Binarizer(5)
X=[randint(0,10) for b in range(1,10)]
print(X)
print(bin.transform(X))
```

上述命令的输出如下：

```
[5, 6, 1, 7, 5, 3, 3, 3, 7]
[[0 1 0 1 0 0 0 0 1]]
```

分类特征通常需要编码为整数。假设有一个非常简单的数据库，其中只有一个分类特征，即城市，并有三个可能的取值分别是悉尼、珀斯和墨尔本，我们将这三个值分别编码为 0、1 和 2。如果要在线性分类器中使用这些信息，那么我们的约束是一个带权重参数的线性不等式。然而，问题是权重不可能对三个选择进行编码。假设有两个类型，东海岸和西海岸，我们要求模型的输出是一个决策函数，能够反映出珀斯位于西海岸、悉尼和墨尔本位于东海岸的事实。对于简单的线性模型，如果采用上述方式对特征进行编码，则决策函数无法得出能将悉尼和墨尔本分为同一类型的规则。对这一问题的解决方法就是，将特征空间分解为三个特征，每个特征具有自己的权重。这种方法称为独热编码（one hot encoding）。Sciki-learn 实现了 OneHotEncoder() 函数可以用来执行这一任务。这是一个估计器，可以将一个具有 m 个可能值的特征变换为 m 个二值特征。假设模型的数据由三个特征组成，其中一个特征是上例中的城市，另外两个特征分别是，取值为男或女的性别，以及取值为医生、律师和银行家的职业。因此，以来自悉尼的女性银行家为例，该样本可以表示为 [1,2,0]。下面的代码示例中又增加了三个样本：

```
from sklearn.preprocessing import OneHotEncoder
enc = OneHotEncoder()
enc.fit([[1,2,0], [1, 1, 0], [0, 2, 1], [1, 0, 2]])
print(enc.transform([1,2,0]).toarray())
```

我们可以得到如下变换输出：

[[0. 1. 0. 0. 1. 1. 0. 0.]]

因为该数据集中有两种性别、三个城市和三种职业，所以变换后的数组中，前两个数字表示性别，之后的三个数字表示城市，最后三个数字表示职业。

7.4.1 离散化

我们已经简要介绍过关于决策树阈值的思想，当我们要将有序特征或定量特征变换为二值特征时，需要找到合适的特征值用于分裂。有很多方法可用于发现连续数据的合理分裂，其中包括有监督方法和无监督方法，例如，采用诸如平均数或中位数等集中趋势的统计（有监督），或者基于诸如信息增益等标准对目标函数进行优化。

我们可以更进一步，建立多个阈值，将定量特征变换为有序特征。这里，我们可以将一个连续定量特征分解为若干离散有序值。其中每个值称为箱（bin），每个箱表示原始定量特征的一个区间。许多机器学习模型都需要离散值。使用离散值，能够更容易地建立更易理解的规则模型。离散化也能够让特征变得更精简，从而使算法更有效率。

选择箱的最常用方法是，让每个箱所包含实例的数量大致相等。这被称为等频离散化（equal frequency）。如果我们只用于两个箱，这就等同于采用中位数作为阈值。这一方法十分有用，因为箱的边界可以表示分位数。例如，有 100 个箱，则每个箱表示一个百分位数。

此外，我们可以让每个箱有相同的区间宽度，以此来选择箱的边界。这被称为等宽离散化（equal width discretization）。一种计算箱宽区间的简单方法是，用特征值的极差除以箱的数量。有时，特征没有上限或下限，因而无法计算其极差。对于这种情况，可以采用高于或低于平均值整数个标准差的方式。宽度和频率离散化都是无监督的，都不需要任何类型标签的知识。

现在我们来关注有监督离散化。这基本上有两种方法：自顶向下的分裂（divisive）和自底向上的凝聚（agglomerative）。正如其名，分裂方法假设最开始所有样本属于同一个箱，然后逐步对箱进行分裂。凝聚方法则假设最开始每个样本一个箱，然后逐步对箱进行合并。两种方法都需要某种停止标准，以决定是否需要进一步分裂或合并。

分裂离散化的一个例子是，基于阈值对特征值进行迭代分割的过程。为实现这一过程，我们需要一个计分函数，用于发现某一特征值的最优阈值。对此常用的方法是，计算此分裂的信息增益或熵。通过确定某一分裂所覆盖正样本和负样本数量，我们可以基于这一标准对特征逐步进行分裂。

通过 Pandas 的 cut 和 qcut 方法，可以进行简单的离散化操作。例如：

```
import pandas as pd
import numpy as np
print(pd.cut(np.array([1,2,3,4]), 3, retbins = True, right = False))
```

其输出如下所示：

```
([[1, 2), [2, 3), [3, 4.003), [3, 4.003)]
Categories (3, object): [[1, 2) < [2, 3) < [3, 4.003)], array([ 1.    ,  2.    ,
3.    ,  4.003]))
```

7.4.2 归一化

求阈值和离散化都会去掉定量特征的尺度，对于应用，这可能并不是我们所期望的。另一方面，我们可能期望对有序或分类特征增加度量的尺度。在无监督环境中，我们称之为归一化（normalization）。这通常用于处理由不同尺度度量的定量特征。近似于正态分布的特征值可以被转换为 z 值。这其实就是在平均数之上或之下标准差的数量，为有符号数。正 z 值表示大于平均数标准差的数量，负 z 值表示小于平均数标准差的数量。

对于某些特征，采用方差可能比标准差更为方便。

更严格的归一化表示形式是将特征值缩放为 0 到 1 的尺度区间。如果我们已知特征值域，则可以简单地采用线性缩放，也就是用原始特征值和最小值的差除以最大值和最小值的差。如下所示：

$$f_n = \frac{(f - l)}{(h - l)}$$

这里，f_n 是归一化特征值，f 是原始特征值，l 和 h 分别是最小值和最大值。在许多情形下，我们可能不得不猜测极差。如果我们已知某一特定分布，例如，在正态分布中，超过 99% 的值会落于平均数的 +3 或 –3 个标准差之内，这样我们就可以将线性缩放写为如下形式：

$$f_n = \frac{(f - \mu)}{(6\sigma)} + \frac{1}{2}$$

这里的 μ 是平均数，σ 是标准差。

7.4.3 校准

有时，我们需要对有序特征或分类特征增加尺度信息。这被称为特征校准（calibration）。这是一种有很多重要应用的有监督特征变换。例如，这允许需要有尺度特征的模型对分类和有序数据进行处理，比如线性分类器。这也赋予了模型处理诸如有序、分类，或定量等不同类型特征的灵活性。对于二分类，我们可以对给定特征值，采用正类型的后验概率，来计算其尺度。对于许多概率模型，例如朴素贝叶斯，这种校准方法带来了一些优势，当特征校准后，模型就不需要进行任何额外的训练了。对于分类特征，我们可以通过从训练集中简单地收集相对频率，来确定这些概率。

在某些情形下，可能需要在将定量特征或有序特征变换为分类特征的同时，仍保持其顺序。其主要方法之一是 logistic 校准（logistic calibration）过程。如果假设特征是以相同方差正态分布的，那么对给定特征值 v，就可以将其似然比（正负类型的比例）表示为下式：

$$LR(v) = \frac{(P(v \mid pos))}{(P(v \mid neg))} = exp(d'z)$$

其中，d' 是正负两个类型的平均数之差除以标准差：

$$d' = \frac{(\mu pos - \mu neg))}{(\sigma)}$$

同时，z 就是 z 值：

$$\frac{(v - \mu)}{\sigma} \text{假设类型分布相等}: \mu = \frac{(\mu pos + \mu neg)}{2}$$

为了抵消不均匀类型分布的影响，我们可以采用下式计算校准后的特征：

$$F_c(x) = \frac{(LRF(x))}{(1 + LR(F(x)))} = exp \frac{(d'z(x))}{(l + exp(d'z(x)))}$$

显然，这就是我们在 logistic 回归中所使用的 sigmoid 激活函数。可以用如下三个步骤来总结 logistic 校准：

- 估计正负类型的平均数。
- 变换特征为 z 值。
- 应用 sigmoid 函数给出校准概率。

有时，我们可能会跳过最后一步，尤其是在使用基于距离的模型时。因为我们期望校准的尺度是加性的，以便计算欧氏距离，而在上述步骤中，最后校准的特征在尺度上是乘性的。

还有一种校准技术是保序校准（isotonic calibration），可用于定量特征和有序特征。这一技术采用了 ROC 曲线（也就是接收者操作特性），与第 4 章对逻辑模型的讨论中所使用的覆盖图类似，ROC 的不同之处是，我们将数轴归一为 [0, 1]。

我们可以使用 sklearn 包来创建一个 ROC 曲线：

```
import matplotlib.pyplot as plt
from sklearn import svm, datasets
from sklearn.metrics import roc_curve, auc
```

```
from sklearn.cross_validation import train_test_split
from sklearn.preprocessing import label_binarize
from sklearn.multiclass import OneVsRestClassifier

X, y = datasets.make_classification(n_samples=100,n_classes=3,n_
features=5, n_informative=3, n_redundant=0,random_state=42)
# Binarize the output
y = label_binarize(y, classes=[0, 1, 2])
n_classes = y.shape[1]
X_train, X_test, y_train, y_test = train_test_split(X, y, test_size=.5)
classifier = OneVsRestClassifier(svm.SVC(kernel='linear',
probability=True, ))
y_score = classifier.fit(X_train, y_train).decision_function(X_test)
fpr, tpr, _ = roc_curve(y_test[:,0], y_score[:,0])
roc_auc = auc(fpr, tpr)
plt.figure()
plt.plot(fpr, tpr, label='ROC AUC %0.2f' % roc_auc)
plt.plot([0, 1], [0, 1], 'k--')
plt.xlim([0.0, 1.0])
plt.ylim([0.0, 1.05])
plt.xlabel('False Positive Rate')
plt.ylabel('True Positive Rate')
plt.title('Receiver operating characteristic')
plt.legend(loc="best")
plt.show()
```

输出如下所示：

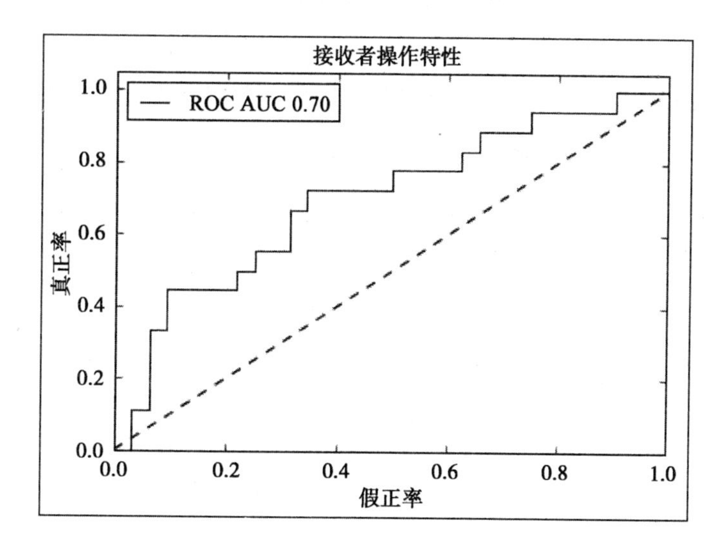

ROC 曲线绘制了不同阈值下的真正率和假正率，由上图中的点状线表示。当我们构造了 ROC 曲线后，就可以对每段凸壳计算正实例数量 m 和总实例数量 n。然后，就可以采用如下公式来计算校准的特征值：

$$v_c = \frac{(m_i + 1)}{(m_i + 1 + c(n_i - m_i + 1))}$$

公式中的 c 是先验概率，也就是正类型概率大于负类型概率的比率。

目前为止，在对特征变换的讨论中，我们假设了每个特征的所有值都是已知的。在真实世界中，并不总是这种情况。如果使用概率模型，我们可以通过所有特征值的加权平均来估计缺失的特征值。有个重要的考虑因素是，缺失特征值的存在可能与目标变量有所关联。例如，个人病例中的数据反映了所做过的检验类型，而反过来，这些检验又与对某种疾病风险因素的评估有关。

如果使用树状模型，可以随机选择一个值作为缺失值，允许模型对其进行分裂。然而，这对线性模型却行不通。对此，我们需要通过插补（imputation）过程来填充缺失的值。对于分类，我们可以采用所观察特征的平均数、中位数和众数等统计，对缺失的值进行简单的插补。如果还要考虑特征的关联性，则需要为每个不完全特征构造预测模型，对缺失的值进行预测。

scikit-learn 的估计器总是假设数组中的所有值都是数值，因此，任何编码为空、非数值，或其他占位符等缺失的值，都会产生错误。此外，我们可能也不想放弃整行或整列数据，因为其中可能包含了有价值的信息，因此，我们需要采用插补策略来补全数据集。在如下代码片段中，我们将使用 Imputer 类：

```
from sklearn.preprocessing import Binarizer, Imputer, OneHotEncoder
imp = Imputer(missing_values='NaN', strategy='mean', axis=0)
print(imp.fit_transform([[1, 3], [4, np.nan], [5, 6]]))
```

输出如下：

```
[[ 1.   3. ]
 [ 4.   4.5]
 [ 5.   6. ]]
```

很多机器学习算法都要求特征是标准化（standardized）的。也就是说，当每个特征的分布都接近正态分布，平均数接近零，并具有单位方差时，这些算法才会有最佳表现。为达到这一目的，最简单的方法就是，每个特征都减去平均数，并除以标准差进行缩放。可以使用 sklearn.preprocessing() 函数的 scale() 或 StandardScaler() 函数来实现。尽管这些函数可以接受稀疏数据，但可能不应该用于这种情况，因为中心化的稀疏数据可能会破坏其结构。对于这种情况，建议使用 MacAbsScaler() 或 maxabs_scale() 函数。前者分别根据每个特征的最大绝对值进行缩放和变换。后者分别将每个特征缩放至区间 [0, 1]。还有一种特殊的情况是存在离群数据。对于这种情况，则建议使用 robust_scale() 函数或 RobustScaler() 函数。

通常，我们可能想要通过增加多项式项来为模型增加复杂性。可以使用 Polynomial-Features() 函数，如下代码所示。

```
from sklearn.preprocessing import PolynomialFeatures
X=np.arange(9).reshape(3,3)
poly=PolynomialFeatures(degree=2)
print(X)
print(poly.fit_transform(X))
```

我们可以观察到如下输出：

```
[[0 1 2]
[3 4 5]
[6 7 8]]
[[1 0 1 2 0 0 0 1 2 4]
 [1 3 4 5 9 12 15 16 20 25]
 [1 6 7 8 36 42 48 49 56 64]]
```

7.5 主成分分析

主成分分析（Principle Component Analysis，PCA）是可应用于特征的最为常见的降维形式。假设数据集中包含了两个特征，而我们期望将此二维数据转换成一维。一种非常自然的方法是，绘制一条最近拟合的线，对每个数据点在该线上进行投影，如下图所示：

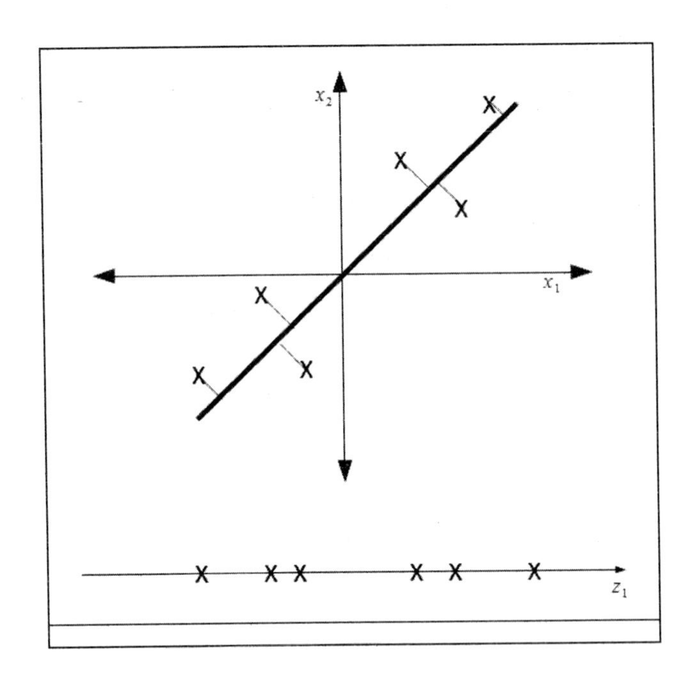

PCA 试图要求出数据的投影面，使数据点与所要投影的这条线之间的距离最小。对于更为一般的情况，也就是将 n 维空间降维至 k 维，我们要求出 k 维向量 $u(1), u(2), u(3), \cdots, u(k)$ 来对数据进行投影，并且投影误差最小。这就是我们要试图求出的 k 维数据投影面。

这从表面上看像是线性回归，但是有一些重要区别。对于线性回归，我们要由给定的输入变量来预测某输出变量的值。而在 PCA 中，我们并不是要预测输出变量，而是要求出用于投影输入数据的子空间。上图中所表示的误差距离，与线性回归不同，不是点和线之间的纵向距离，而是点和线之间最近的正交距离。这样，误差线与数轴成一定角度，并与投影线成直角。

对于大多数情况而言，重点是，PCA 要求特征进行了缩放和平均归一化，也就是要求特征具有零均值和相应的值域。我们可以采用如下公式来计算平均数：

$$\mu_j = \frac{1}{m}\sum_{i=1}^{m} x_j^{(i)}$$

通过如下代换计算求和：

$$x_j^{(i)} \, with x_j - \mu_j$$

如果特征的尺度有明显不同，可使用下式进行调整：

$$\frac{(x_j - \mu_j)}{\sigma_j}$$

sklearn.preprocessing 模块具备这些功能。

无论是低维度的向量，还是原始数据对该向量的投影点，在其计算的数学过程中，都要先计算协方差矩阵及其特征向量，但从头计算这些值是相当复杂的，幸好我们可以使用 sklearn 包：

```
from sklearn.decomposition import PCA
import numpy as np
X = np.array([[-1, -1], [-2, -1], [-3, -2], [1, 1], [2, 1], [3, 2]])
pca = PCA(n_components=1)
pca.fit(X)
print(pca.transform(X))
```

我们会得到如下输出：

```
[[-1.3834058]
 [-2.22189802]
 [-3.60530382]
 [1.3834058  ]
 [2.22189802 ]
 [3.60530382 ]]
```

7.6 总结

用于特征变换和新特征构造的方法多种多样，采用适当的方法能够让模型更有效，结果更精确。一般来说，对于哪些模型可以使用哪些方法，并不存在硬性规则。这很大程度上取决于我们所面对的特征类型（定量、有序，或分类）。最好先对特征进行归一化和校准，如果模型有需要，再将特征变换为适当的类型，正如我们在离散化中所做的那样。如果模型表现不佳，则可能需要进行更多预处理，例如 PCA。在下一章中，我们将了解将不同类型的模型组合起来的方式，通过集成，来提高模型性能，并提供更强大的预测能力。

CHAPTER 8

第 8 章

集成学习

创建机器学习集成的动机源于清晰的直觉，并具有丰富的理论历史基础。许多自然或人为系统中的多样性使其摄动更具弹性。同样，我们已经了解到，对一定数量的测量结果进行平均，通常会使模型更加稳定，受随机波动的影响较小，例如数据集合中的离群点或误差。

在本章，我们将这一相当庞大而多样的空间分为如下几个主题：

- 集成类型
- Bagging
- 随机森林
- Boosting

8.1 集成学习的类型

集成技术大致可以分为两类：

- 平均方法（Averaging method）：在这种方法中，分别运行若干估计器，然后对其预测结果进行平均。这种方法包括随机森林和 Bagging 方法。
- Boosting 方法（Boosting method，又称为提升方法或助推方法）：在这种方法中，使用基于误差率的数据加权分布，依次建立弱学习器。

集成方法采用多个模型，以获得比任何单一模型更好的表现。其目的不仅是要建立多样和健壮的模型，也是为了满足某些限制，例如处理速度和响应时间等。当面对大型数据集和快速响应时间时，这些限制就会成为举足轻重的发展瓶颈。故障诊断和排除是运行所有机器学习模型的重要因素，尤其是对那些需要运行数日的模型而言。

机器学习集成的类型与模型本身一样具有多样性，并且主要涉及三个方面的考虑：如何划分数据，如何选择模型，以及如何整合模型的结果。这种简单的陈述实际上包含了非常丰富和多样的内容。

8.2 Bagging 方法

Bagging（装袋）也称为自举聚集（bootstrap aggregating），在某种意义上，是根据从训练数据中随机抽取子集的方式来定义的。最常见的 Bagging 指的是有放回的抽样。由于要放回抽取的样本，因此在所产生的数据集中可能含有重复样本。这还意味着，在所产生的特定数据集中可能会排除一些数据点，即使所产生的集合与原始集合大小一样。每个所产生的数据集都会有所差异，而这正是在集成的模型中产生多样性的方式。我们可以采用如下示例来计算数据点未被抽样的概率：

$$\left(1-\frac{1}{n}\right)^n$$

在上式中，n 是自举样本的数量。n 个自举样本中的每个样本都会得出不同的假设。对类型的预测，既可以平均所有模型的预测结果，也可以选择多数模型的预测结果。以线性分类器的集成为例。如果采用多数表决来确定预测结果，我们则创建了分段线性分类器边界。如果将表决变换为概率，我们则对实例空间进行了分段，其中每段可能具有不同的分值。

还应该注意的是，有时可能（或者需要）采用特征的随机子集；这称为子空间抽样（subspace sampling）。Bagging 估计器对复杂模型表现更好，例如完全生长的决策树，因为这有助于避免过度拟合。这为单一模型提供了一种简单的、开箱即用的集成方法。

Scikit-learn 实现了 BaggingClassifier 和 BaggingRegressor 对象。以下是它们最重要的一些参数：

参数	类型	描述	默认值
base_estimator	estimator	集成的基模型	决策树
n_estimators	int	基估计器的数量	10
max_samples	int 或 float	抽取样本的数量。如果类型为 float，则抽取 max_samples*X.shape[0]	1.0
max_features	int 或 float	抽取特征的数量。如果类型为 float，则抽取 max_features*X.shape[1]	1.0
bootstrap	boolean	有放回的样本抽取	true
bootstrap_features	boolean	有放回的特征抽取	false

作为示例，如下代码片段初始化了一个 Bagging 分类器实例，由 50 个决策树分类器组成基估计器，每个估计器抽取包含一半特征和一半样本的随机子集：

```
from sklearn.ensemble import BaggingClassifier
from sklearn.tree import DecisionTreeClassifier
from sklearn import datasets

bcls=BaggingClassifier(DecisionTreeClassifier(),max_samples=0.5, max_
features=0.5, n_estimators=50)
X,y=datasets.make_blobs(n_samples=8000,centers=2, random_state=0,
cluster_std=4)
bcls.fit(X,y)
print(bcls.score(X,y))
```

8.2.1 随机森林

树基模型特别适合用于集成，主要是因为它们对训练数据中的变化特别灵敏。使用子空间抽样（subspace sampling）的树状模型会非常有效率，而且其集成模型更具有多样性，因为集成的每个模型只工作于特征子集，这样就减少了训练时间。在此集成中，每棵树都使用了特征的不同的随机子集，因此被称为随机森林（random forest）。

随机森林对实例空间的分裂是森林中每棵树各自分裂的交集。这种分裂要比森林中任何一棵树单独的分裂更好，或者说更细致。理论上，随机森林可以被反向映射为一棵单独的树，因为每个交集都相当于两棵不同树分支的结合。随机森林本质上可以被认为是对树基模型的另一种训练算法。在 Bagging 集成中的线性分类器能够学习复杂的决策边界，而这对于单一的线性分类器则是不可能的。

sklearn.ensemble 模块有两种基于决策树的算法——随机森林和极端随机树。它们都能在其构造中引入随机性而创建出多样化的分类器，并且都包含了分类和回归的类。在 RandomForestClassifier 类和 RandoemForestRegressor 类中，每棵树都是通过自举样本创建的。模型所选择的分裂不是在所有特征中的最佳分裂，而是从特征的随机子集中选取的。

8.2.2 极端随机树

与随机森林一样，极端随机树（extra trees）方法使用了特征的随机子集，但其并没有使用最有区分力的阈值，而是使用了随机产生的阈值集合中的最优者。这种方式以偏差的微小增加为代价，减少了方差。sklearn.ensemble 模块有两个极端随机树的实现类，分别是 ExtraTreesClassifier 类和 ExtraTreesRegressor 类。

我们来看一个使用了随机森林分类器和极端随机树分类器的例子。本例使用了 VotingClassifier 来组合不同的分类器。表决分类器有助于平衡单个模型的弱点。在本例中，我们对函数传入了四个权重。这些权重决定了每个单独模型对整体结果的贡献。我们可以看到，这两个树状模型对训练数据都过度拟合，但对测试数据表现较好。我们还可以看到，ExtraTreesClassifier 对测试集的表现稍好于 RandomForest 对象。此外，VotingClassifier 对象对测试集的表现要好于其所有成分分类器。我们建议采用不同的权重和不同的数据集来运行此例，以观察每个模型表现的变化：

```
from sklearn import cross_validation
import numpy as np
import matplotlib.pyplot as plt
from sklearn.linear_model import LogisticRegression
from sklearn.naive_bayes import GaussianNB
```

```
from sklearn.ensemble import RandomForestClassifier
from sklearn.ensemble import ExtraTreesClassifier
from sklearn.ensemble import VotingClassifier
from sklearn import datasets

def vclas(w1,w2,w3, w4):

    X , y = datasets.make_classification(n_features= 10, n_informative=4,
n_samples=500, n_clusters_per_class=5)
    Xtrain,Xtest, ytrain,ytest= cross_validation.train_test_
split(X,y,test_size=0.4)

    clf1 = LogisticRegression(random_state=123)
    clf2 = GaussianNB()
    clf3 = RandomForestClassifier(n_estimators=10,bootstrap=True, random_
state=123)
    clf4= ExtraTreesClassifier(n_estimators=10, bootstrap=True,random_
state=123)

    clfes=[clf1,clf2,clf3,clf4]

    eclf = VotingClassifier(estimators=[('lr', clf1), ('gnb', clf2),
('rf', clf3),('et',clf4)],
                                 voting='soft',
                                 weights=[w1, w2, w3,w4])


    [c.fit(Xtrain, ytrain) for c in (clf1, clf2, clf3,clf4, eclf)]

    N = 5
    ind = np.arange(N)
    width = 0.3
    fig, ax = plt.subplots()

    for i, clf in enumerate(clfes):
        print(clf,i)
        p1=ax.bar(i,clfes[i].score(Xtrain,ytrain,),
width=width,color="black")
        p2=ax.bar(i+width,clfes[i].score(Xtest,ytest,),
width=width,color="grey")
    ax.bar(len(clfes)+width,eclf.score(Xtrain,ytrain,),
width=width,color="black")
```

```
    ax.bar(len(clfes)+width *2,eclf.score(Xtest,ytest,),
width=width,color="grey")
    plt.axvline(3.8, color='k', linestyle='dashed')
    ax.set_xticks(ind + width)
    ax.set_xticklabels(['LogisticRegression',
                        'GaussianNB',
                        'RandomForestClassifier',
                        'ExtraTrees',
                        'VotingClassifier'],
                       rotation=40,
                       ha='right')
    plt.title('Training and test score for different classifiers')
    plt.legend([p1[0], p2[0]], ['training', 'test'], loc='lower left')
    plt.show()

vclas(1,3,5,4)
```

我们可以观察到如下输出：

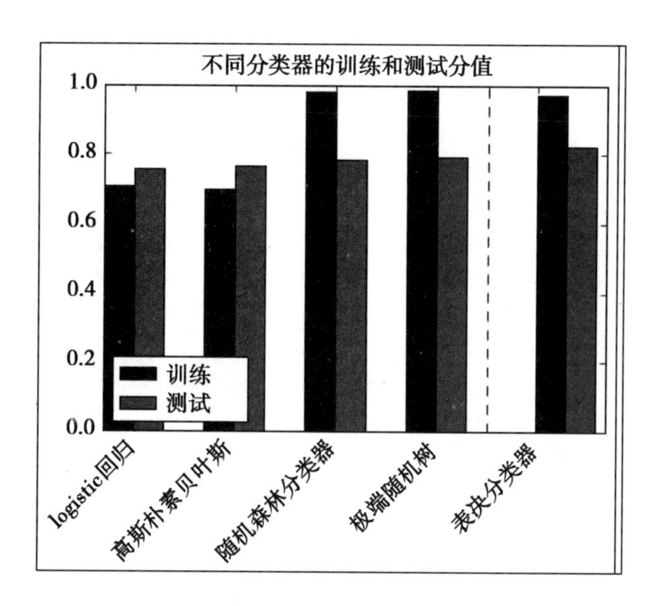

依据特征所贡献的期望的样本比例，树状模型可用来对特征的相对排名进行评估。这里，我们使用一种树状模型来估计每一特征在分类任务中的重要性。特征在树中所出现的位置决定了其相对重要性。位于树顶端的特征对最终决策所贡献的输入样本的比例更大。

在下面的例子中，我们使用了ExtraTreesClassifier类来评估特征的重要性。我们所使用的数据集由10幅图组成，每幅图中有40个人的头像，一共是400个头像。每个头像都有标签标识了其身份。在此任务中，每个像素都是一个特征；在输出中，像素的亮度表示了特征的相对重要性。像素越亮，特征越重要。在此模型中，最亮的像素位于前额区域，而我们应该特别注意如何来解释这一现象。因为大多数照片都是从头部上方照明的，所以那些看上去更重要的像素，可能是由于对前额的照明更强，因而表现出更多的个人细节，而不是因为前额的内在特性能够表明人的身份：

```
import matplotlib.pyplot as plt
from sklearn.datasets import fetch_olivetti_faces
from sklearn.ensemble import ExtraTreesClassifier
data = fetch_olivetti_faces()
def importance(n_estimators=500, max_features=128, n_jobs=3, random_
state=0):
    X = data.images.reshape((len(data.images), -1))
    y = data.target
    forest = ExtraTreesClassifier(n_estimators,max_features=max_features,
n_jobs=n_jobs, random_state=random_state)
    forest.fit(X, y)
    dstring=" cores=%d..." % n_jobs + " features=%s..." % max_features
+"estimators=%d..." %n_estimators + "random=%d" %random_state
    print(dstring)
    importances = forest.feature_importances_
    importances = importances.reshape(data.images[0].shape)
    plt.matshow(importances, cmap=plt.cm.hot)
    plt.title(dstring)
    #plt.savefig('etreesImportance'+ dstring + '.png')
    plt.show()

importance()
```

上述代码的输出如下：

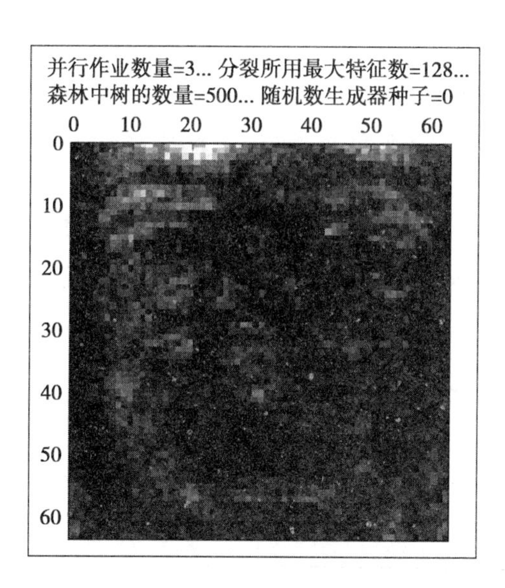

8.3 Boosting 方法

本章之前介绍过 PAC 学习模型的思想和概念类的思想。弱可学习性（weak learnability）是一种与之相关的思想。这里，集成中的每个学习算法只需要比随机预测表现得稍好一些即可。例如，集成中的每个算法至少有 51% 的时间是正确的，即可满足弱可学习性的标准。这与 PAC 的思想在本质上是相同的，除了不要求算法必须达到相当高的精度以外。然而，人们可能会疑惑，这仅仅比随机预测表现得稍好一点，那还有用吗？通常，发现粗略的经验规则要比发现高度精确的预测规则容易得多。弱学习模型或许只是比随机预测表现稍好，然而，如果我们对这一学习器进行助推，在不同的加权数据分布上多次运行，并且对这些学习器进行组合，我们就有希望建立一种单一的预测规则，要比任何单独的弱学习规则表现得好很多。

Boosting 是一种简单而强大的思想。它考虑了模型的训练误差，从而对 Bagging 进行了扩展。例如，假设我们在训练线性分类器，并发现其对一组特定实例分类有误。如果我们在训练后续模型时，在数据集中加入多个分类错误实例的副本，那么我们会期望新训练的模型在测试集上表现得更好。通过在训练集中加入分类错误实例的多个副本，我们将数据集的平均数移向了这些实例。这就会强制学习器来关注这些最难以分类的样本。在实践中，可以赋予分类错误实例更高的权重，并且为此对模型进行调整，例如，在线性分类器中，我们可以采用加权平均的计算方法。

在开始的时候，对数据集采用统一的权重，其和为 1，然后运行分类器，这时可能会发现一些错误分类的实例。为了助推这些实例的权重，我们为其分配总权重的一半。例如，假设分类器得出如下结果：

	预测为正	预测为负	总数
实际为正	24	16	40
实际为负	9	51	60
总数	33	67	100

误差率为 $\varepsilon = (9 + 16)/100 = 0.25$。

我们想将权重的一半分配给错误分类的样本。由于初始总权重为 1，因此当前分配给错误分类样本的权重就是误差率。为了提高其权重，我们将其乘以因子 $1/2\varepsilon$。如果初始误差率小于 0.5，其结果就是增加了错误分类样本的权重。为保证总权重仍然为 1，我们将正确分类样本的权重乘以 $1/2(1\text{-}\varepsilon)$。在本例中，误差率是 0.25，即错误分类样本的初始权重，而我们期望增加为 0.5，也就是总权重的一半，因此我们要将此初始误差率乘以 2。正确分类样本的权重要乘以 $1/2(1\text{-}\varepsilon) = 2/3$。采用这些权重的结果如下表所示：

	预测为正	预测为负	总数
实际为正	16	32	48
实际为负	18	34	52
总数	34	66	100

最后我们需要一个置信因子 α，并用于集成中的每个模型。置信因子用于根据每个模型的加权平均做出集成预测。我们期望置信因子增大而误差减小。为确保如此，置信因子通常设为：

$$\alpha_t = ln\sqrt{\left(\frac{(1-\epsilon_t)}{\epsilon_t}\right)}$$

给出如下数据集：

$$(x_1 y_1), \cdots, (x_m y_m)\ (x_i \in X, y_i \in Y = \{-1, +1\})$$

然后初始化相等的加权分布如下：

$$W_1(i) = \frac{1}{m}$$

采用弱分类器 h_t，修正规则如下：

$$W_{(t+1)}(i) = \frac{(W_t(i)exp(-\alpha_t y_i h_t(x_i)))}{Z_t}$$

归一化因子如下：

$$Z_t = \sum_{i=1}^{m}(W_t(i)exp(-\alpha_t y_i h_t(x_i)))$$

注意，其中如果 $-y_i\ h_t(x_i)$ 为正且 x_i 为错误分类，则 $exp(-y_i\ h_t(x_i))$ 为正且大于 1。其结果就是，修正规则将增加错误分类样本的权重，同时减少正确分类样本的权重。

最终得到如下分类器：

$$H(x) = sign\left(\sum_{t=1}^{T}\alpha h_t(x)\right)$$

8.3.1 AdaBoost

AdaBoost 或自适应 Boosting（Adaptive Boosting）是最流行的 Boosting 算法之一。这里采用了决策树分类器作为基学习器，并且对不可线性分裂的数据建立了决策边界：

```
import numpy as np
import matplotlib.pyplot as plt
from sklearn.ensemble import AdaBoostClassifier
from sklearn.tree import DecisionTreeClassifier
from sklearn.datasets import make_blobs
```

```
plot_colors = "br"
plot_step = 0.02
class_names = "AB"
tree= DecisionTreeClassifier()
boost=AdaBoostClassifier()
X,y=make_blobs(n_samples=500,centers=2, random_state=0, cluster_std=2)
boost.fit(X,y)
plt.figure(figsize=(10, 5))

# Plot the decision boundaries
plt.subplot(121)
x_min, x_max = X[:, 0].min() - 1, X[:, 0].max() + 1
y_min, y_max = X[:, 1].min() - 1, X[:, 1].max() + 1
xx, yy = np.meshgrid(np.arange(x_min, x_max, plot_step),
                     np.arange(y_min, y_max, plot_step))

Z = boost.predict(np.c_[xx.ravel(), yy.ravel()])
Z = Z.reshape(xx.shape)
cs = plt.contourf(xx, yy, Z, cmap=plt.cm.Paired)
plt.axis("tight")


for i, n, c in zip(range(2), class_names, plot_colors):
    idx = np.where(y == i)
    plt.scatter(X[idx, 0], X[idx, 1],
                c=c, cmap=plt.cm.Paired,
                label="Class %s" % n)
plt.title('Decision Boundary')

twoclass_output = boost.decision_function(X)
plot_range = (twoclass_output.min(), twoclass_output.max())
plt.subplot(122)
for i, n, c in zip(range(2), class_names, plot_colors):
    plt.hist(twoclass_output[y == i],
             bins=20,
             range=plot_range,
             facecolor=c,
             label='Class %s' % n,
             alpha=.5)
x1, x2, y1, y2 = plt.axis()
```

```
plt.axis((x1, x2, y1, y2))
plt.legend(loc='upper left')
plt.ylabel('Samples')
plt.xlabel('Score')
plt.title('Decision Scores')
plt.show()
print("Mean Accuracy =%f" % boost.score(X,y))
```

上述代码输出如下：

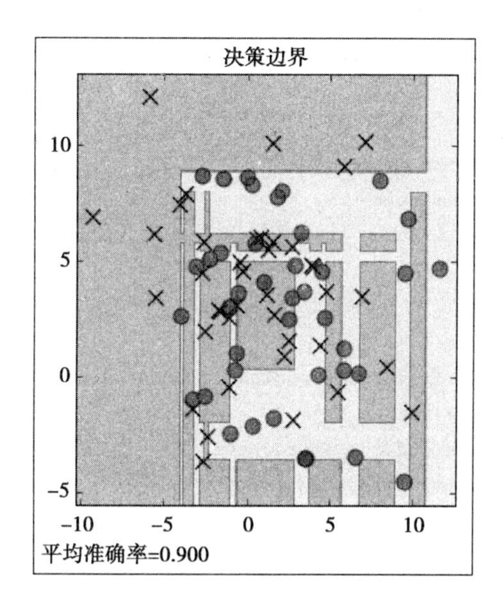

8.3.2 梯度 Boosting

梯度树 Boosting 对回归和分类问题都是一种十分有用的算法。其主要优点之一是，对混合数据类型的处理十分自然，并且对离群点而言也十分健壮。此外，它比很多算法的预测能力更强；然而，它的串行架构使其不适用于并行技术，因而无法很好地扩展到大数据集。对于具有大量类型的数据集，还是建议使用 RandomForestClassifier。梯度 Boosting 通常采用决策树来建立基于弱学习器集成的预测模型，并对代价函数应用了优化算法。

在如下例子中，我们创建了一个函数，构造了梯度 Boosting 分类器，并绘制了其对应于迭代次数的累积损失。GradientBoostingClassifier 类的 oob_improvement_ 属性用于在每次迭代中计算对测试损失的估计。这对于确定最优的迭代次数极具启发。这里，我们绘制了两个梯度 Boosting 分类器的累积改进。这两个分类器是等价的，但具有不同的学习速率，点状线的学习速率为 0.01，实线的学习速率为 0.001。

学习速率收缩了每棵树的贡献，而这意味着要对估计器的数量有所权衡。实际上，学习速率较大的模型看上去要比学习速率较小的模型更快达到其最优表现。然而，学习速率较小的模型在整体上似乎表现得更好。在实践中通常会发生的是，oob_improvement_ 在迭代次数很大时，会以一种悲观的方式偏离。我们来看看如下代码：

```
import numpy as np
import matplotlib.pyplot as plt
from sklearn import ensemble
from sklearn.cross_validation import train_test_split
from sklearn import datasets

def gbt(params, X,y,ls):
    clf = ensemble.GradientBoostingClassifier(**params)
    clf.fit(X_train, y_train)
    cumsum = np.cumsum(clf.oob_improvement_)
    n = np.arange(params['n_estimators'])
    oob_best_iter = n[np.argmax(cumsum)]
    plt.xlabel('Iterations')
    plt.ylabel('Improvement')
    plt.axvline(x=oob_best_iter,linestyle=ls)
    plt.plot(n, cumsum, linestyle=ls)

X,y=datasets.make_blobs(n_samples=50,centers=5, random_state=0, cluster_
std=5)
X_train, X_test, y_train, y_test = train_test_split(X, y, test_size=0.5,
random_state=9)

p1 = {'n_estimators': 1200, 'max_depth': 3, 'subsample': 0.5,
        'learning_rate': 0.01, 'min_samples_leaf': 1, 'random_state':
3}
p2 = {'n_estimators': 1200, 'max_depth': 3, 'subsample': 0.5,
        'learning_rate': 0.001, 'min_samples_leaf': 1, 'random_state':
3}
```

```
gbt(p1, X,y, ls='--')
gbt(p2, X,y, ls='-')
```

我们可以观察到如下输出：

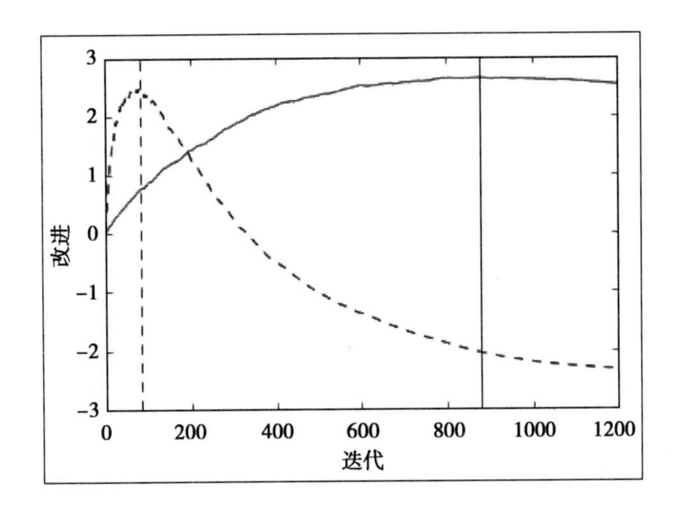

8.4 集成学习的策略

我们了解了大致两类集成技术：Bagging（包括随机森林和极端随机树）以及 Boosting（特别是 AdaBoost 和梯度树 Boosting）。此外，当然还有很多其他的变体及其组合。本章的最后一节，我们将探讨对特定任务选择和应用不同集成的一些策略。

一般来说，在分类任务中，模型将实例错误分类可能有三种原因。首先，用同一特征向量描述来自不同类型的特征可能是无法避免的。在概率模型中，这种情况发生在类型分布重叠的时候，因而实例对多个类型具有非零似然度。对此我们只能使其近似于目标假设。

分类错误的第二种原因是，模型不具备完全表示目标假设的表达能力。例如，如果数据不是线性可分离的，那么即使是最好的线性分类器也会产生分类错误。这是由分类器的偏差所造成的。尽管不存在被一致接受的方法来度量偏差，但我们可以认为，非线性决策边界的偏差比线性决策边界的偏差小，复杂决策边界的偏差比简单决策边界小。

我们还可以认为，树状模型的偏差最小，因为它们可以不断分裂，直到每个叶子只覆盖一个实例。

现在，可能看上去应该试图最小化偏差；然而，在大多数情况下，减少偏差会导致方差的增加，反之亦然。方差是分类错误的第三个原因。高方差模型会高度依赖于训练数据。例如，近邻分类器将实例空间分割为单个训练点。如果接近决策边界的训练点被移动，则此边界也会改变。树状模型也是高方差，但是其原因不同。假设我们改变了训练数据，在树的根部选择其他不同的特征。这就可能会导致树的其余部分也是不同的。

线性分类器的 Bagging 集成通过分段构造来学习更为复杂的决策边界。集成中的每个分类器创建决策边界的一段。这表明 Bagging 方法能够减少高偏差模型的偏差，其实所有集成方法都具有这样的能力。然而，我们在实践中发现，一般来说，Boosting 方法对减少偏差更为有效。

Bagging 主要用于减少方差，Boosting 主要用于减少偏差。

Bagging 集成对高方差模型最为有效，例如复杂树，而 Boosting 通常用于高偏差模型，例如线性分类器。

我们可以从边缘（margin）的角度来看待 Boosting 方法。这可以将其理解为到决策边界的有符号距离；正号表示正确类型，负号则相反。能够看到的是，即使样本已经位于决策边界正确的那一边，Boosting 还是能够提升这一边缘。换言之，Boosting 甚至在训练误差为 0 的时候，还是能够继续提升对测试集的表现。

其他方法

集成方法的变化主要是通过改变基模型预测的组合方式来实现的。我们实际上可以将其本身作为学习问题，以一组基分类器的预测作为特征，来学习最佳预测组合的元模型（meta-model）。对线性元模型的学习也称为 Stacking（层叠）或层叠泛化（stacked generalization)。Stacking 在分类任务中采用了所有学习器的加权组合，以及诸如 logistic 回归等组合算法，用于做出最终的预测。与 Bagging 和 Boosting 不同，而是和 Bucketing 类似，Stacking 通常在有不同类型模型的情况下使用。

典型的 Stacking 过程包括如下步骤：

1）将训练集分为两个不相交的集合。

2）在第一个集合训练若干基学习器。

3）在第二个集合测试基学习器。

4）使用之前步骤中的预测来训练更高层的学习器。

前三个步骤等同于交叉验证；然而，没有所谓赢者通吃的方法，因为基学习器的组合也可能是非线性的。

Bucketing（装桶）是这一主题的一个变体。Bucketing 使用了选择算法来对每个问题选择最优模型。例如，对每个模型的预测赋予权重，使用感知算法来选择最优模型。在数量众多的各种模型中，有些模型需要更长的时间来训练。对此，在集成中可以先使用快速但不精确的算法来选择那些较慢但更准确的算法，这样就可能得到最优选择。

我们可以通过采用基学习器的异构集合来实现多样性。这种多样性来自不同的学习算法，而不是数据。这意味着每个模型可以使用同一训练集。在通常情况下，基模型是由同一类型组成的，只是采用了不同的超参数设置而已。

一般来说，集成是由一组基模型和一个元模型组成的，由元模型来发现组合这些基模型的最优方法。如果我们在使用加权模型集合，并且以某种方式来组合其输出，则假设，如果模型的权重接近 0，那么该模型对输出的影响将非常小。也可以想象，如果基分类器具有负权重，则对于其他基模型而言，其预测将是相反的。我们甚至可以试图在训练基模型之前就预测其表现的好坏。这有时被称为元学习（meta-learning)。这包括，首先在一个庞大的数据集上对各种模型进行训练，然后构造一个模型来回答此类问题：哪个模型比其他模型对于特定数据集表现得更好？或者这一数据是否表明特定（元）参数的表现最优？

要知道，对于所有问题均为可能的空间而言，不存在最优的学习算法，例如，在所有顺序均为合理的情况下，对下一数字的顺序进行预测。当然，真实世界中的学习问题并不是均匀分布的，这就允许我们对其建立预测模型。重要的是，在元学习中，如何为其设计特征。这需要结合训练模型和数据集的相关特点。除了特征的类型和数量之外，还必须包括数据的特点和样本的数量。

8.5 总结

在本章中，我们了解了主要的集成方法及其在 scikit-learn 中的实现。显然这具有巨大的研究空间，而其中的关键挑战是，对不同类型的问题发现最优的技术。我们了解了偏差和方差问题有其各自的解决方案，而理解其各自的关键指标是必要的。要获得良好的结果通常需要大量的实验，同时，本章所描述的一些简单技术可以作为机器学习集成之旅的开始。

在最后一章中，我们将介绍最为重要的主题——模型的选择和评价，并且从不同角度来审视一些真实世界中的问题。

CHAPTER 9

第9章

设计策略和案例研究

在数据操作（data munging）中可能存在异常，因此机器学习科学家们很可能把大部分时间都花在了评价上。他们会目不转睛地盯着数列和图表，满怀期望地观察着模型的运行，热切认真地尝试着解释结果。评价是一个循环过程；运行模型，评价结果，再加入新参数，每次都期望能获得更好的表现。如果能提高每一次评价的效率，我们的工作就会变得更有乐趣并富有成效，而有一些工具和技术能够帮助我们来实现这一目的。本章将通过如下主题来对此进行一些介绍：

- 评价模型的表现
- 模型的选择
- 现实世界的案例研究
- 机器学习设计一瞥

9.1 评价模型的表现

度量模型的表现是一项重要的机器学习任务，并且对此有很多不同的参数和启发算法。我们不应该忽视定义评分策略的重要性，在 Sklearn 中，有三种基本方法：

- **估计器分值（Estimator score）**：这是指使用估计器内置的 score() 方法，特定于每个估计器。

- **评分参数（Scoring parameters）**：这是指依赖于其内部评分策略的交叉验证工具。
- **度量函数（Metric functions）**：实现于度量模块。

我们已经看到过估计器 score() 方法的例子了，例如 clf.score()。对于线性分类器，score() 方法返回平均准确率。这是一种测量单个评估器表现的快速和简单的方法。然而，由于一些原因，这种方法本身通常不够充分。

如果我们还记得，准确率就是真正和真负之和除以样本数量。假设我们对一定数量的患者进行检验，以发现他们是否患有特定疾病，而我们只是简单地预测所有患者都未患有这一疾病，如果采用准确率作为测度，则这种预测的准确率可能会很高。显然这不是我们所期望的。

更好的度量方法是采用精度（Precision，P）和召回率（Recall，R）。如果你还记得第 4 章中的表格，精度或特异性是在预测为正的实例中，预测正确的比例，也就是 $TP/(TP + FP)$。召回率或灵敏度是 $TP/(TP + FN)$。F 值（F-measure）定义为 $2*R*P/(R + P)$。这些度量都忽略了真负率，因此不能评价模型处理负类型的表现。

如果不采用估计器的分值方法，则采用特定评分参数通常也是有意义的，例如 cross_val_score 对象所提供的那些参数。该对象的 cv 参数可以控制数据的分裂。该参数通常被设置为整数，其决定了数据的随机连续分裂数。每个分裂具有不同的分裂点。这一参数还可以被设置为训练或测试分裂的可遍历对象，或者是可用作交叉验证生成器的对象。

在 cross_val_score 中同样重要的还有 scoring 参数。通常将该参数设置为一个表示评分策略的字符串。对于分类，其默认值是 accuracy，它的常用值为 f1、precision、recall、micro-averaged、macro-averaged，以及这些策略的加权版本。对于回归估计器，scoring 参数的值有 mean_absolute_error、mean_squared_error、median_absolute_error 和 r2。

下面的代码对三个模型的表现进行了评价，模型所使用的数据集有 10 个连续分裂。

这里，我们使用数种度量，并打印了每个模型的每种度量的平均分值。在真实世界的环境中，我们可能需要对数据进行一种或多种方式的预处理，对测试集和训练集来说，应用这些数据变换是很重要的。为了使其更容易，我们可以使用 sklearn.pipeline 模块。我们可以依次应用一组变换，并在最后应用估计器，这允许我们将进行交叉验证的几个步骤组合在一起。这里，我们还使用了 StandardScaler() 类对数据进行了缩放。通过使用两个管道，对 logistic 回归模型和决策树都进行了数据缩放：

```
from sklearn import cross_validation
from sklearn.tree import DecisionTreeClassifier
from sklearn import svm
from sklearn.linear_model import LogisticRegression
from sklearn.datasets import samples_generator
from sklearn.preprocessing import LabelEncoder
from sklearn.preprocessing import StandardScaler
from sklearn.cross_validation import cross_val_score
from sklearn.pipeline import Pipeline
X, y = samples_generator.make_classification(n_samples=1000,n_
informative=5, n_redundant=0,random_state=42)
le=LabelEncoder()
y=le.fit_transform(y)
Xtrain, Xtest, ytrain, ytest = cross_validation.train_test_split(X, y,
test_size=0.5, random_state=1)
clf1=DecisionTreeClassifier(max_depth=2,criterion='gini').
fit(Xtrain,ytrain)
clf2= svm.SVC(kernel='linear', probability=True, random_state=0).
fit(Xtrain,ytrain)
clf3=LogisticRegression(penalty='l2', C=0.001).fit(Xtrain,ytrain)
pipe1=Pipeline([['sc',StandardScaler()],['mod',clf1]])
mod_labels=['Decision Tree','SVM','Logistic Regression' ]
print('10 fold cross validation: \n')
for mod,label in zip([pipe1,clf2,clf3], mod_labels):
    #print(label)
    auc_scores= cross_val_score(estimator= mod, X=Xtrain, y=ytrain,
cv=10, scoring ='roc_auc')
    p_scores= cross_val_score(estimator= mod, X=Xtrain, y=ytrain, cv=10,
scoring ='precision_macro')
    r_scores= cross_val_score(estimator= mod, X=Xtrain, y=ytrain, cv=10,
scoring ='recall_macro')
    f_scores= cross_val_score(estimator= mod, X=Xtrain, y=ytrain, cv=10,
scoring ='f1_macro')
```

```
    print(label)
    print("auc scores %2f +/- %2f " % (auc_scores.mean(), auc_scores.
std()))
    print("precision %2f +/- %2f " % (p_scores.mean(), p_scores.std()))
    print("recall %2f +/- %2f ]" % (r_scores.mean(), r_scores.std()))
    print("f scores %2f +/- %2f " % (f_scores.mean(), f_scores.std()))
```

通过运行，我们可以看到如下输出：

```
10 fold cross validation:

Decision Tree
auc scores 0.692144 +/- 0.056865
precision 0.706912 +/- 0.065688
recall 0.648131 +/- 0.043604 ]
f scores 0.628455 +/- 0.051711
SVM
auc scores 0.768374 +/- 0.038460
precision 0.709994 +/- 0.058011
recall 0.707064 +/- 0.056323 ]
f scores 0.703605 +/- 0.055579
Logistic Regression
auc scores 0.754150 +/- 0.048137
precision 0.688979 +/- 0.077614
recall 0.686077 +/- 0.076052 ]
f scores 0.682859 +/- 0.075356
```

这些技术有一些变体，其中最常用的是 k 折交叉验证（k-fold cross validation）。这使用了有时被称为留一（leave one）的策略。首先，将数据分为 k 份，使用其中的 $k-1$ 份作为训练数据对模型进行训练。其余的数据则用于度量模型的表现。对每一份数据重复这一过程。用所有度量结果的平均值来评价模型的表现。

Sklearn 的 cross_validation.KFold 对象对此进行了实现。其重要的参数有：必选参数 n，类型为 int，表示元素的总数量；参数 n_folds，默认值为 3，表示数据的份数。此外还有可选参数 shuffle 和 random_state，分别表示是否需要在分裂前对数据进行洗牌，以及使用何种方法来产生随机状态。参数 random_state 的默认值是使用 NumPy 的随机数生成器。

在下面的代码片段中，我们使用了 LassoCV 对象。这是一个使用 L1 正则化训练的线性模型。如我们所知，正则化线性回归的优化函数包含了一个常数（alpha），并用其乘以 L1 正则化项。LassoCV 对象会自动设置 alpha 的值，我们可以对所设的 alpha 值和 k 折的每个分值进行对比，用以观察 alpha 的效果：

```
import numpy as np
from sklearn import cross_validation, datasets, linear_model
X,y=datasets.make_blobs(n_samples=80,centers=2, random_state=0, cluster_
std=2)
alphas = np.logspace(-4, -.5, 30)
lasso_cv = linear_model.LassoCV(alphas=alphas)
k_fold = cross_validation.KFold(len(X), 5)
alphas = np.logspace(-4, -.5, 30)

for k, (train, test) in enumerate(k_fold):
    lasso_cv.fit(X[train], y[train])
    print("[fold {0}] alpha: {1:.5f}, score: {2:.5f}".
          format(k, lasso_cv.alpha_, lasso_cv.score(X[test], y[test])))
```

上述代码的输出如下所示：

```
[fold 0] alpha: 0.01964, score: 0.42157
[fold 1] alpha: 0.00853, score: 0.52112
[fold 2] alpha: 0.00010, score: 0.48277
[fold 3] alpha: 0.00010, score: 0.42657
[fold 4] alpha: 0.00489, score: 0.54747
```

有时，有必要在 k 折的每份数据中保持类型的百分比。这可以采用分层交叉验证（stratified cross validation）来完成。类型不平衡时（某些类型的数量众多，而某些类型的数量稀少时）可以采用这一方法。采用分层的 cv 对象有助于纠正模型中可能会造成偏差的缺陷，因为一份数据中如果有大量相同的类型不足以代表其预测的准确性。然而，这种方法也可能会对方差造成不必要的放大。

在下面的例子中，我们采用分层交叉验证来测试分类算法的分值有着怎样的重要意义。其方法是不断地重复分类过程，每次分类之前，要对标签重新进行随机组合。其中的 p 值是每次运行的分值大于初始分值的百分比。这段代码使用了 cross_validation.permutation_test_score 方法，其参数分别为估计器、数据和标签。这里打印输出了初始测试分值、p 值和每次重新组合后的分值：

```
import numpy as np
from sklearn import linear_model
from sklearn.cross_validation import StratifiedKFold, permutation_test_
score
from sklearn import datasets

X,y=datasets.make_classification(n_samples=100, n_features=5)
n_classes = np.unique(y).size
cls=linear_model.LogisticRegression()
cv = StratifiedKFold(y, 2)
score, permutation_scores, pvalue = permutation_test_score(cls, X, y,
scoring="f1", cv=cv, n_permutations=10, n_jobs=1)

print("Classification score %s (pvalue : %s)" % (score, pvalue))
print("Permutation scores %s" % (permutation_scores))
```

其输出如下：

```
Classification score 0.968962585034 (pvalue : 0.0909090909091)
Permutation scores [ 0.36310273  0.57189542  0.55977011  0.38134058  0.50802139  0.47916667
  0.47153537  0.3797519   0.46071429  0.49      ]
```

9.2 模型的选择

可以通过调整诸多超参数来提高模型的表现。确定各种参数的效果通常并不简单，无论是单个参数还是相互结合的参数。常见的尝试包括，获得更多的训练样本、增加或去除特征、增加多项式特征，以及增加或减少正则化参数等。假如我们可以花费相当多的时间来收集数据，或者以其他方式来处理数据，重要的是，我们所花费的时间很可能会换来富有成效的结果。对此，最重要的方法之一采用了被称为网格搜索（grid search）的过程。

Gridsearch

sklearn.grid_search.GridSearchCV 对象用于对特定参数值进行穷举搜索。其允许对所定义的参数集合进行迭代遍历，并提供各种度量形式的结果报告。GridSearchCV 对象最重要的参数是估计器和参数网格。参数 param_grid 是一个字典，或字典列表，其中参数名称为键，用于尝试的参数设置列表为值。这就可以对估计器参数值的任何序列进行搜索。任何估计器的可调整参数都可以用于网格搜索。在默认情况下，网格搜索采用了估计器的 score() 函数来对参数值进行评估。对于分类，这就是准确率，而正如我们所知，这可能并非是最佳的度量方法。在本例中，我们将 GridSearchCV 对象的评分参数设为 f1。

在如下代码中，我们在 L1 和 L2 正则化之下，在 C 值（反向正则化参数）范围内进行了搜索。我们采用了 classification_report 类来打印输出详细的分类报表：

```
from sklearn import datasets
from sklearn.cross_validation import train_test_split
from sklearn.grid_search import GridSearchCV
from sklearn.metrics import classification_report
from sklearn.linear_model import LogisticRegression as lr

X,y=datasets.make_blobs(n_samples=800,centers=2, random_state=0, cluster_
std=4)
X_train, X_test, y_train, y_test = train_test_split(
    X, y, test_size=0.5, random_state=0)
tuned_parameters = [{'penalty': ['l1'],
                     'C': [0.01, 0.1, 1, 5]},
                    {'penalty': ['l2'], 'C': [0.01, 0.1, 1, 5]}]
scores = ['precision', 'recall','f1']
for score in scores:
    clf = GridSearchCV(lr(C=1), tuned_parameters, cv=5,
                       scoring='%s_weighted' % score)
    clf.fit(X_train, y_train)
    print("Best parameters on development set:")
    print()
    print(clf.best_params_)
    print("Grid scores on development set:")
    for params, mean_score, scores in clf.grid_scores_:
        print("%0.3f (+/-%0.03f) for %r"
              % (mean_score, scores.std() * 2, params))
    print("classification report:")
    y_true, y_pred = y_test, clf.predict(X_test)
    print(classification_report(y_true, y_pred))
```

我们可以观察到如下输出：

```
Best parameters on development set:
{'penalty': 'l1', 'C': 0.1}
Grid scores on development set:
0.680 (+/-0.069) for {'penalty': 'l1', 'C': 0.01}
0.707 (+/-0.121) for {'penalty': 'l1', 'C': 0.1}
0.695 (+/-0.122) for {'penalty': 'l1', 'C': 1}
0.699 (+/-0.128) for {'penalty': 'l1', 'C': 5}
0.706 (+/-0.111) for {'penalty': 'l2', 'C': 0.01}
0.697 (+/-0.112) for {'penalty': 'l2', 'C': 0.1}
0.702 (+/-0.132) for {'penalty': 'l2', 'C': 1}
0.702 (+/-0.132) for {'penalty': 'l2', 'C': 5}
classification report:
             precision    recall  f1-score   support

          0       0.62      0.77      0.69       189
          1       0.73      0.58      0.65       211

avg / total       0.68      0.67      0.67       400
```

网格搜索大概是最常用的超参数优化方法，然而，有些时候这可能不是最佳选择。RandomizedSearchCV 对象实现了对可能参数的随机搜索。其采用了类似于 GridSearchCV 对象的字典，但是可以对每个参数设置其分布，在此分布之上可以进行随机搜索。如果字典中包含了值列表，那么这些值将是均匀抽样的。此外，RandomizedSearchCV 对象还包含了一个 n_iter 参数，这实际上是抽样参数设置数量的计算预算。其默认值是 10，并且较高的值通常会产生更好的结果，但要以运行时间为代价。

除了网格搜索这种蛮力方法（brute force）之外，诸如 LassoCV 和 ElasticNetCV 等估计器中还提供了其他选择。对此，估计器本身通过对正则化路径的拟合，对其正则化参数进行了优化。这通常比采用网格搜索更有效率。

9.3 学习曲线

学习曲线是用来理解模型如何运行的一种重要方法。想想当我们增加样本数量时，训练和测试误差将会怎样变化。对于简单的线性模型，当训练样本很少时，则很容易对参数进行拟合，并且训练误差也很小。当训练集增长时，则变得难以拟合，并且平均训练误差也很可能会增长。另一方面，交叉验证误差可能会减少，至少在增加样本的开始阶段是这样的。随着训练样本的增加，模型能够更好地适应新的样本。对于具有高偏差的模型，例如有两个参数的简单线性分类器，这就是一条直线，因此当我们开始增加训练样本时，交叉验证误差在开始阶段将减少。然而，在某一点之后，训练样本的增加将不会使误差明显减少，这正是因为直线的限制，其无法拟合非线性数据。如果我们考察训练误差，可以看到，与之前一样，训练样本开始增加时，误差也随之增长，而在某一点后，将与交叉验证误差大致相等。此时，对于高偏差模型，无论是交叉验证误差还是训练误差，都会很高。这就表明，如果已知学习算法具有高偏差，则不大可能仅通过增加训练样本来显著地改善模型。

现在，假设模型具有高方差，也就是多项式项数量很多，正则化参数取值很小。当我们增加更多的样本时，训练误差将会缓慢增长，但仍然保持相对较小。更多的训练样本增加时，交叉验证集的误差将会减少。这是过拟合的一种表现。高方差模型所表现的特点是，训练误差和测试误差之间的差距巨大。这就表明，对训练样本的增加，将会减少交叉验证误差，因而，增加训练样本很可能会改善高方差模型。

在如下代码中，我们使用了学习曲线对象来绘制样本数量增长时的测试误差和训练误差。这将为我们提供特定模型出现高偏差或高方差的迹象。在本例中，我们使用了logistic 回归模型。从代码的输出中可以看到，该模型可能出现了偏差，因为训练误差和测试误差都相对较高：

```
from sklearn.pipeline import Pipeline
from sklearn.learning_curve import learning_curve
import matplotlib.pyplot as plt
import numpy as np
from sklearn.preprocessing import StandardScaler
from sklearn.linear_model import LogisticRegression
from sklearn import cross_validation
from sklearn import datasets


X, y = datasets.make_classification(n_samples=2000,n_informative=2, n_
redundant=0,random_state=42)
Xtrain, Xtest, ytrain, ytest = cross_validation.train_test_split(X, y,
test_size=0.5, random_state=1)
pipe = Pipeline ([('sc' , StandardScaler()),('clf', LogisticRegression(
```

```
penalty = 'l2'))])
trainSizes, trainScores, testScores = learning_curve(estimator=pipe,
X=Xtrain, y= ytrain,train_sizes=np.linspace(0.1,1,10),cv=10, n_jobs=1)
trainMeanErr=1-np.mean(trainScores, axis=1)
testMeanErr=1-np.mean(testScores, axis=1)
plt.plot(trainSizes, trainMeanErr, color='red', marker='o', markersize=5,
label = 'training error')
plt.plot(trainSizes, testMeanErr, color='green', marker='s',
markersize=5, label = 'test error')
plt.grid()
plt.xlabel('Number of Training Samples')
plt.ylabel('Error')
plt.legend(loc=0)
plt.show()
```

上述代码输出如下：

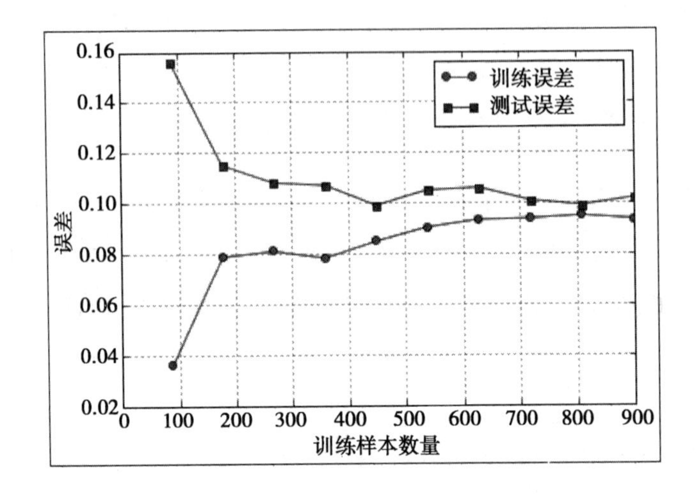

9.4 现实世界中的案例研究

现在，我们将探讨一些真实世界的机器学习场景。首先，建立一个推荐系统，然后审视一些温室虫害综合管理系统。

9.4.1 建立一个推荐系统

推荐系统是一种信息过滤，一般有两种方法：基于内容的过滤（content-based filtering）

和协同过滤（collaborative filtering）。在基于内容的过滤中，系统试图对用户的长期兴趣建模，并基于此来选择商品。另一方面，协同过滤选择商品的依据是，有相似偏好的人所选商品的相关性。正如我们所知，很多系统都采用了这两种方法的混合体。

1. 基于内容的过滤

基于内容的过滤使用了商品的内容，这些内容是由一组描述性词语来表示的，内容过滤使用这些词语来匹配用户描述信息。用户描述信息也是由同样的词语构造的，这些词语抽取自用户之前所浏览的那些商品。典型的在线书店会从文本中抽取关键词语来创建用户描述信息，并就此推荐商品。这些词语的抽取过程在很多情况下都是自动完成的，但是在需要特定领域知识的情况下，则需要人工来添加词语。在处理非文本商品时，人工添加的词语则特别重要。从书库中抽取关键词语并为其创建关联较为容易。但是在很多情况下，则需要人工根据特定的领域知识创建这些关联，例如芬达牌放大器和电吉他的关联。在构造了条件和关联之后，我们需要选择学习算法来学习用户描述信息，并做出推荐。向量空间模型和潜在语义索引模型是最常使用的两个模型。对于向量空间模型，我们需要创建表示文档的稀疏向量，其中文档中每个不同的词语对应于向量的一个维度。权重用来表示某一词语是否在文档中出现。当出现时，权重为 1，反之为 0。此外，也会使用基于词语出现次数的权重。

另一个模型，潜在语义索引，通过一些方法对向量模型进行了改进。考虑这样一种情况，同一概念通常可以用许多不同的词语来描述，也就是通常所说的同义词。例如，我们应该知道，在很多情况下，计算机监视器和计算机屏幕说的是一回事。此外，还需要考虑的是，很多词语具有多个不同的含义，例如，猫，既可以是一种动物，也可以指计算机调制解调器。语义索引通过建立词语 – 文档（term-document）矩阵包含了这些信息。矩阵的每一元素表示了文档中特定词语出现的次数。在矩阵中，每个词语为一行，每个文档为一列。通过被称为奇异值分解的数学过程，可以将此单一矩阵分解为三个矩阵，以向量因子表示文档和词语。本质上，这是一种降维技术，使我们能够用一个特征来表示多个词语。推荐系统可以基于这些派生特征来做出推荐。这种推荐的基础是文档的语义关系，而不是简单地匹配相同词语。这一技术的缺点是计算成本太高，并可能运行缓慢。这对于实时性推荐系统来说是个明显的限制。

2. 协同过滤

协同过滤采用了另一种方式，可用于各种环境，尤其是社交媒体，并且有多种方法可以实现它。大多数实现采用了邻域法（neighborhood method）。其思想是，我们很可能会信任来自朋友的推荐，或是来自有共同兴趣的人，而不是来自共同点很少的人。

这种方法采用了他人推荐的加权平均。权重是由个体之间的相关性决定的。也就是说，有相似偏好的权重要高于那些共同点较少的。在有成千上万用户的大型系统中，实时计算所有权重是不可行的。这时就需要采用邻域推荐。邻域的选择，可以采用特定权重阈值，也可以基于最高相关性。

在下面的代码中，我们对用户和他们的音乐专辑评分使用了字典。如果我们绘制两张专辑的用户评分，此模型的几何性质就会非常明显。我们在图中很容易看到，用户之间的距离彰显了他们评分的相似性。用户之间的欧氏距离度量了他们偏好的匹配程度。此外，我们还需要考虑用户之间的关联性，对此，我们可以使用皮尔森相关指数。在计算了用户相似性后，我们就可以对其进行排名。由此，我们能够得出可以进行推荐的专辑。这可以通过用每个用户的相似性分值乘以其评分来完成。之后对其求和，再除以相似性分值，这本质上就是计算相似性分值的加权平均。

还有一种方法是发现商品之间的相似性。这被称为基于商品的协同过滤（item-based collaborative filtering），可以将其与基于用户的协同过滤相对比。基于商品的方法是发现每个商品的相似商品。在计算了所有专辑之间的相似性后，就可以生成对特定用户的推荐。

我们来看看实现示例的代码：

```
import pandas as pd
from scipy.stats import pearsonr
import matplotlib.pyplot as plt
```

```
userRatings={'Dave': {'Dark Side of Moon': 9.0,
  'Hard Road': 6.5,'Symphony 5': 8.0,'Blood Cells': 4.0},'Jen': {'Hard
Road': 7.0,'Symphony 5': 4.5,'Abbey Road':8.5,'Ziggy Stardust': 9,'Best
Of Miles':7},'Roy': {'Dark Side of Moon': 7.0,'Hard Road': 3.5,'Blood
Cells': 4,'Vitalogy': 6.0,'Ziggy Stardust': 8,'Legend': 7.0,'Abbey
Road': 4},'Rob': {'Mass in B minor': 10,'Symphony 5': 9.5,'Blood Cells':
3.5,'Ziggy Stardust': 8,'Black Star': 9.5,'Abbey Road': 7.5},'Sam':
{'Hard Road': 8.5,'Vitalogy': 5.0,'Legend': 8.0,'Ziggy Stardust':
9.5,'U2 Live': 7.5,'Legend': 9.0,'Abbey Road': 2},'Tom': {'Symphony 5':
4,'U2 Live': 7.5,'Vitalogy': 7.0,'Abbey Road': 4.5},'Kate': {'Horses':
8.0,'Symphony 5': 6.5,'Ziggy Stardust': 8.5,'Hard Road': 6.0,'Legend':
8.0,'Blood Cells': 9,'Abbey Road': 6}}

# Returns a distance-based similarity score for user1 and user2
def distance(prefs,user1,user2):
    # Get the list of shared_items
    si={}
    for item in prefs[user1]:
        if item in prefs[user2]:
            si[item]=1
    # if they have no ratings in common, return 0
    if len(si)==0: return 0
    # Add up the squares of all the differences
    sum_of_squares=sum([pow(prefs[user1][item]-prefs[user2][item],2)
    for item in prefs[user1] if item in prefs[user2]])
    return 1/(1+sum_of_squares)

def Matches(prefs,person,n=5,similarity=pearsonr):
    scores=[(similarity(prefs,person,other),other)
        for other in prefs if other!=person]
    scores.sort( )
    scores.reverse( )
    return scores[0:n]

def getRecommendations(prefs,person,similarity=pearsonr):
    totals={}
    simSums={}
    for other in prefs:
        if other==person: continue
        sim=similarity(prefs,person,other)
        if sim<=0: continue
        for item in prefs[other]:
            # only score albums not yet rated
            if item not in prefs[person] or prefs[person][item]==0:
```

```
                # Similarity * Score
                totals.setdefault(item,0)
                totals[item]+=prefs[other][item]*sim
                # Sum of similarities
                simSums.setdefault(item,0)
                simSums[item]+=sim
    # Create a normalized list
    rankings=[(total/simSums[item],item) for item,total in totals.items(
)]
    # Return a sorted list
    rankings.sort( )
    rankings.reverse( )
    return rankings

def transformPrefs(prefs):
    result={}
    for person in prefs:
        for item in prefs[person]:
            result.setdefault(item,{})
            # Flip item and person
            result[item][person]=prefs[person][item]
    return result

transformPrefs(userRatings)

def calculateSimilarItems(prefs,n=10):
    # Create a dictionary similar items
    result={}
    # Invert the preference matrix to be item-centric
    itemPrefs=transformPrefs(prefs)
    for item in itemPrefs:
#         if c%100==0: print("%d / %d" % (c,len(itemPrefs)))
        scores=Matches(itemPrefs,item,n=n,similarity=distance)
        result[item]=scores
    return result

def getRecommendedItems(prefs,itemMatch,user):
    userRatings=prefs[user]
    scores={}
    totalSim={}

    # Loop over items rated by this user
```

```
    for (item,rating) in userRatings.items( ):

        # Loop over items similar to this one
        for (similarity,item2) in itemMatch[item]:

            # Ignore if this user has already rated this item
            if item2 in userRatings: continue
            # Weighted sum of rating times similarity
            scores.setdefault(item2,0)
            scores[item2]+=similarity*rating

            # Sum of all the similarities
            totalSim.setdefault(item2,0)
            totalSim[item2]+=similarity

    # Divide each total score by total weighting to get an average
    rankings=[(score/totalSim[item],item) for item,score in scores.items(
)]

    # Return the rankings from highest to lowest
    rankings.sort( )
    rankings.reverse( )
    return rankings

itemsim=calculateSimilarItems(userRatings)

def plotDistance(album1, album2):
    data=[]
    for i in userRatings.keys():
        try:
            data.append((i,userRatings[i][album1], userRatings[i]
[album2]))
        except:
            pass
    df=pd.DataFrame(data=data, columns = ['user', album1, album2])
    plt.scatter(df[album1],df[album2])
    plt.xlabel(album1)
    plt.ylabel(album2)
    for i,t in enumerate(df.user):
        plt.annotate(t,(df[album1][i], df[album2][i]))
    plt.show()
    print(df)
```

```
plotDistance('Abbey Road', 'Ziggy Stardust')
print(getRecommendedItems(userRatings, itemsim,'Dave'))
```

我们可以观察到如下输出：

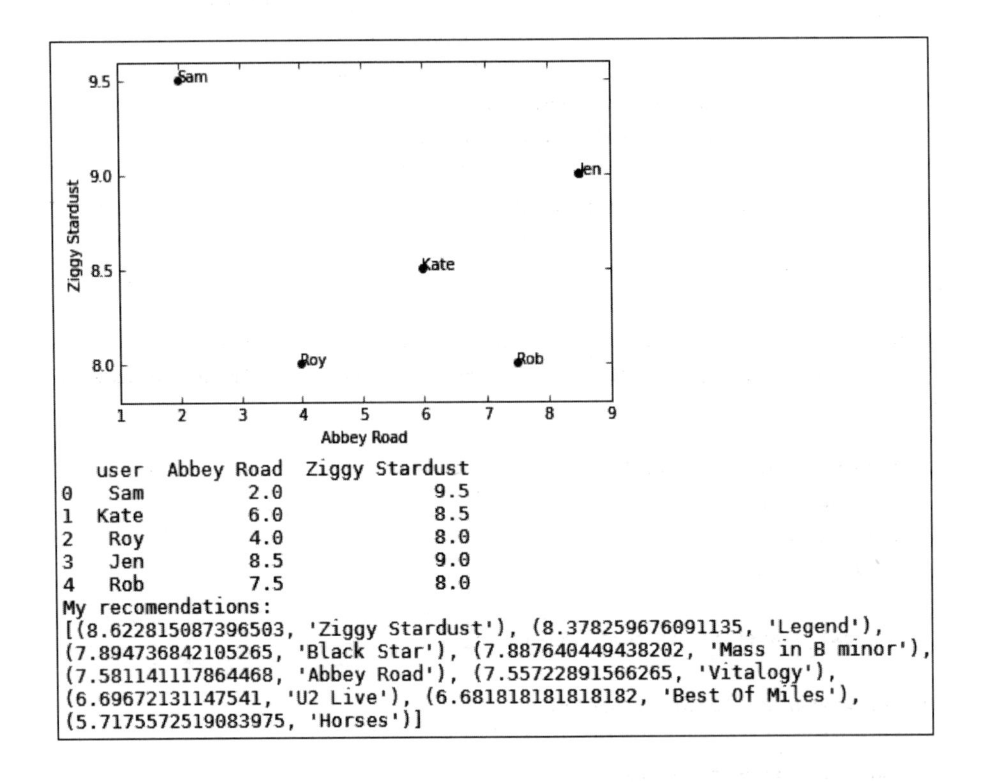


```
   user  Abbey Road  Ziggy Stardust
0   Sam         2.0             9.5
1  Kate         6.0             8.5
2   Roy         4.0             8.0
3   Jen         8.5             9.0
4   Rob         7.5             8.0
My recomendations:
[(8.622815087396503, 'Ziggy Stardust'), (8.378259676091135, 'Legend'),
(7.894736842105265, 'Black Star'), (7.887640449438202, 'Mass in B minor'),
(7.581141117864468, 'Abbey Road'), (7.55722891566265, 'Vitalogy'),
(6.69672131147541, 'U2 Live'), (6.681818181818182, 'Best Of Miles'),
(5.7175572519083975, 'Horses')]
```

这里，我们绘制了两个专辑的用户评分，并且在此基础之上，我们可以看到用户 Kate 和 Rob 的距离相对较近，也就是说，对于这两个专辑，他们的偏好是相似的。另一方面，用户 Rob 和 Sam 的距离较远，表示他们对这两个专辑的不同偏好。我们还打印了对用户 Dave 的推荐，以及所推荐的每个专辑的相似性分值。

由于协同过滤依赖于其他用户的评分，而当文档数量大大多于评分数量时，就会出现问题，因为有用户评分的商品对于所有商品只占极小的比例。有几种不同的方法可以对此进行修复。从用户在网站上浏览的商品类型可以推断出评分。另一种方法是，以混合方式采用基于内容的过滤，作为对用户评分的补充。

3. 案例回顾

本案例有如下一些要点：

- 这是网站应用的一部分。必须实时运行，并且依赖于用户交互。
- 这有广泛的理论和实践资源，是一个有着若干成熟解决方案的问题，我们没必要重新发明轮子。
- 这在很大程度上是营销项目，并具有成功的量化指标，即基于推荐的销售量。
- 失败的成本相对较低，小级别的误差是可以接受的。

9.4.2 温室虫害探测

持续增长的人口和不断增加的气候变化是 21 世纪农业面对的特别挑战。控制环境的能力，例如温室，能够提供最优的生长条件，最大化水和营养等输入的效用，这能够使我们在全球气候的变化中继续供养不断增长的人口。

如今，有很多食品生产系统在很大程度上是自动化的，并且已经相当成熟。水产养殖系统能够在鱼缸和生长架之间进行营养和水的循环，本质上，这是在人工环境中创造非常简单的生态系统。水中的营养物质是受控的，还有温度、水分含量、湿度和二氧化碳含量。这些特征被控制在一个非常精确的范围之内，以实现对生产的优化。

温室的环境条件十分有利于疾病和害虫的快速传播繁衍。早期发现和前期症状探测，对于管理这些疾病和害虫是必不可少的，例如霉菌和虫卵的产生。由于环境、食品安全和经济原因，我们希望只采用最低限度的定向控制，这主要包括农药或其他生物制剂的施用。

这里的目标是创建一个自动化系统，能够探测疾病或害虫的种类和位置，并选择和实施理想的控制。这是个相当大的任务，有很多不同的组件。很多技术是独立的，我们要通过一些非标准方式将这些技术组合起来。这种方式在很大程度上是实验性的。

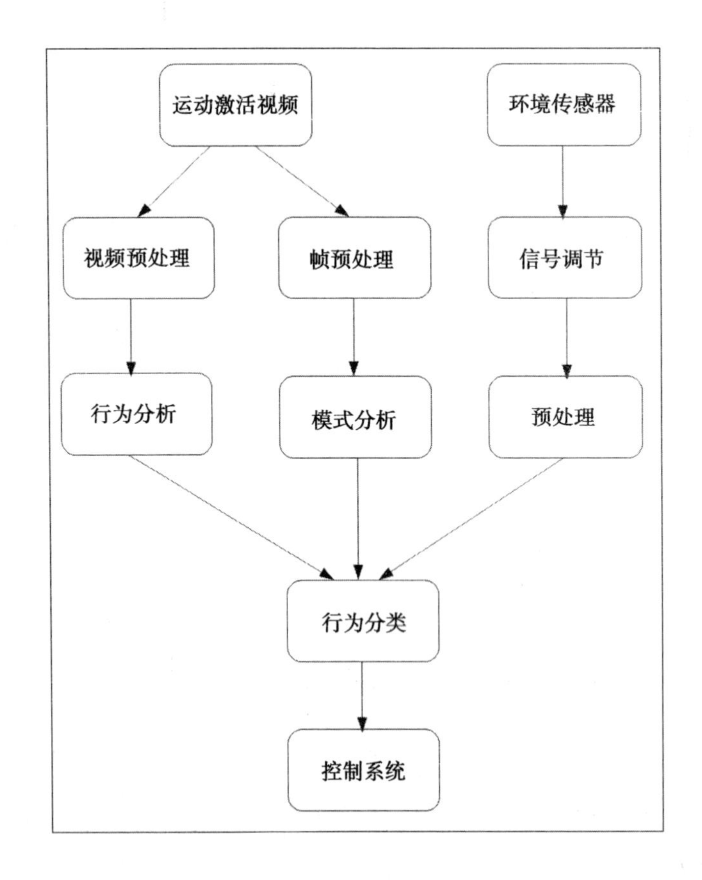

通常的探测方法一直是直接的人工观测。这是一项非常耗时的任务，并且需要一些特定技能，而且还非常容易出错。探测的自动化能够为探测本身带来巨大的收益，同时也可以作为创建自动化 IPM 系统的重要起点。首要任务之一是为每个目标定义一组指标。常用的方法是找来一个专家或专家组，对视频短片进行分类，分为无病虫害，或被一种或多种目标物种所感染。接下来，用这些短片来训练分类器，并期望能够获得预测。过去在病虫害探测中已经应用过这种方法，例如，Early Pest Detection in Greenhouse（温室早期病虫害探测，Martin 和 Moisan, 2004）。

在典型设置中，视频摄像头会遍布整个温室，以最大化采样的区域。对于早期害虫的探测，其目标是作物的关键器官，例如茎、叶子和其他一些器官。视频和图像分析的计算成本十分高昂，因此可以使用运动传感相机，这种相机能够在探测到昆虫运动时再进行记录。

早期爆发的变化相当微妙，可以体现为植物的受损、变色、生长变慢，以及昆虫及其虫卵的出现等现象的组合。探测的困难在于温室中光线条件的变化。解决这一问题可以采用认知视觉的方法。这种方法将问题分解为若干子问题，其中每个子问题依赖于其环境背景。例如，在光照充足或是一天中其他时间不同的光线条件下，采用不同的模型。在初期的弱学习阶段，可以在模型中建立这些背景知识。这就为模型赋予了内置的启发，能够对指定环境背景采用合适的学习算法。

有个重要的需求是，我们需要分辨不同昆虫的物种，可以通过捕获昆虫的动态要素，也就是其行为来实现。通过识别运动类型，可以分辨很多昆虫，例如，以紧凑的圆形轨迹飞行，或长时间静止不动而伴随着短暂的突发飞行。此外，昆虫还有其他行为，例如交配和产卵，或许能够作为需要控制的重要迹象。

监控可以采取很多手段，最常用的是视频和静态图片，同时还可以使用来自其他传感器的信号，例如红外、温度和湿度传感器。所有这些输入都需要有时间和位置标记，这样对于机器学习模型才具有意义。

视频处理首先要去除背景，然后要分离视频序列中的运动分量。在像素级别上，光照条件会导致不同的强度、饱和度，以及像素间的对比度。在图像级别上，阴影等条件只会影响图像的一部分，而背光会影响整个图像。

在本例中，我们从视频记录中抽取帧，并在其各自的系统路径中对其进行处理。相对于视频的处理，我们更为关注的是，在一段时间内的帧序列中尝试发现运动，我们关注多个摄像头在同一位置同一时间捕获的那些帧。通过这种方法，我们可以创建出三维模型，这可能是有价值的，尤其是对于跟踪生物密度的变化而言。

对于我们的机器学习模型，最后的输入是那些环境传感器。常规的控制系统需要测量温度、相对湿度、二氧化碳含量和光照条件。此外，高光谱和多光谱传感器能够探测可见光谱之外的频率。这些信号的性质决定了其各自独特的处理路径。例如，我们的目标之一是霉菌探测和控制，我们已知霉菌生存于很窄的湿度和温度范围之内。假设温室中的紫外线传感器短暂地探测到代表霉菌的频率范围。模型会对此进行记录，而如果此时的温度和湿度也处于霉菌生长的区间内，则会触发控制。其控制可能只是简单地打开可能爆发区域附近的通风口或风扇，局部降低此区域的温度至霉菌无法生存的程度。

显然，此系统最为复杂的部分是行为控制器。这实际上是由两个元素组成的：输出表示是否出现目标害虫的二值向量的多标签分类器，以及输出控制策略的行为分类器本身。

有很多不同的组件和一些独立的系统可用来探测不同的病害。常规的方式是对每一目标创建独立的学习模型。如果我们要对那些独立无关的活动分别进行控制，则这种多模型的方式是可行的。然而，有很多过程可能是由相同的原因所引发的，例如疾病的蔓延发展和虫害的突然爆发等。

案例回顾

本案例有如下一些要点：

- 这很大程度上是一个研究项目，有很长的时间表，并涉及很大的未知空间。
- 这由许多相互关联的系统组成。每个系统都可以单独研发，但在某一时刻需要整合到整个系统中。
- 这需要重要的领域知识。

9.5 机器学习一瞥

物质层面的设计过程（包括人员、决策、约束，以及最为重要的不可预知性）与我们所建立的机器学习系统具有相似之处。分类器的决策边界、数据约束，以及通过随机性来初始化或引入模型的多样性，这些正是我们能够做出的三种与物质设计过程的联系。更深入的问题是，通过这种类比，我们能走多远？如果我们要试图建立人工智能，则问题是："我们要试图复制人类智能的过程，还是仅仅模拟其结果，即做出合理的决策?"当然，这会引起激烈的哲学辩论，尽管有趣，但基本上和我们现在的论讨无关。无论如何，重点是我们能够通过对诸如大脑等自然系统的观察和模仿，学习到很多知识。

真正的人类决策发生于复杂大脑活动的广泛背景中，并且在设计过程的环境中，我们所做的决策往往是小组决策。这会让人不由自主地与人工神经网络集成进行类比。类似于大部分为弱学习器的集成学习，在整个项目生命期所做的决策，其最终的结果要远远好于任何个人的贡献。更重要的是，不正确的决策，类比于决策树中的不良分裂，并不是在浪费时间，因为弱学习器的部分角色就是要排除不正确的可能性。在复杂的机器学习项目中，有很多所做的工作并不能直接获得成功的结果，意识到这一点可能会令人沮丧。项目最初的重点应该是提供令人信服的证据，来证明正面结果的可能性。

当然，在机器学习系统和设计过程本身之间的类比过于简化。在团队活动中，有很多东西并不是机器学习集成所能代表的。例如，人类决策的背后包含了一些虚幻的情感、直觉，以及一生的经验等。此外，团队活动通常形成于个人的抱负、微妙的偏见，以及团队成员之间的人际关系等。更重要的是，在设计过程中，必须融入对团队的管理。

任何规模的机器学习项目都需要合作。完全认知所有相互关联的不同元素，这一空间对于任何个人来说，都过于庞大。如果不是因为有很多人在理论发展、基础算法编写、数据收集和组织等方面的努力，即便是本书概述的那些简单的示范任务，也是不可能实现的。

在时间和资源的约束下，对重大项目的成功策划，需要大量的技能，但不一定是软件工程师或数据学家的技能。显然，我们必须定义，在任何给定的环境下，成功指的是什么。对于理论研究项目而言，在一定程度上对特定理论的证明或反驳被视为成功，哪怕有少许程度的不确定性。对约束的理解，或许能帮助我们确立现实的期望，也就是可实现的成功标准。

最为普遍和持久的约束之一是不充足或不准确的数据。数据采集方法论如此重要，却在很多项目中被忽视。数据采集过程是相互作用的。对动态系统进行探测，而不改变此系统，这是不可能的。此外，系统中有些组件比其他部分更容易被观察，因而可能会不准确地代表了其他更多未被观察的，或不可观察的组件。在很多情况下，我们对复杂系统已知的部分要少于未知的部分。这种不确定性属于物理现实的随机性质，并且是我们在任何预测任务中都必须要诉诸于概率的原因。对于指定行动，需要决定什么样的概率水平是可接受的，例如，对潜在患者的治疗，要根据对疾病的概率估计，并且依赖于采取或不采取治疗的后果，对于最终的决定，往往是因人而异的，无论是医生还是患者。有很多领域之外的因素会影响此类决策。

人类与机器对问题的解决，尽管有很多相似之处，但还是具有根本差异。人类解决问题取决于很多方面，其中很重要的是情绪和身体的状态，也就是包裹神经系统的化学容器和电容器。人类的思维并不是一个确定过程，但这实际上是件好事，因为这使我们能够以新颖的方式来解决问题。创造性的问题解决包括连接完全不同的思想和概念的能力。这种灵感通常来自于完全无关的事件，例如众所周知的牛顿的苹果。人类的大脑能够将每天所经历的随机事件编织为某种条理清晰的有意义的结构，这种神奇是我们渴望在机器中要实现的能力。

9.6 总结

毫无疑问，对于机器学习来说，最为困难的是，面对独一无二、前所未决的问题。我们已经体验了许多示例模型，使用了一些最为流行的机器学习算法。现在的挑战是，在我们所关心的重要新问题中来应用这些知识。我希望这本书作为对 Python 机器学习可能性的介绍，能够使读者有所启发。

推荐阅读

Python学习手册（原书第4版）

作者：Mark Lutz ISBN：978-7-111-32653-3 定价：119.00元

Python入门经典：以解决计算问题为导向的Python编程实践

作者：William F. Punch ISBN：978-7-111-39413-6 定价：79.00元

Python编程实战：运用设计模式、并发和程序库创建高质量程序

作者：Mark Summerfield ISBN：978-7-111-47394-7 定价：69.00元

Effective Python：编写高质量Python代码的59个有效方法

作者：Brett Slatkin ISBN：978-7-111-52355-0 定价：59.00元